2011
中国环境质量报告

中华人民共和国环境保护部　编

中国环境科学出版社·北京

图书在版编目（CIP）数据

2011 中国环境质量报告/环境保护部编. —北京：中国环境科学出版社，2012.12
ISBN 978-7-5111-1224-8

Ⅰ. ①2… Ⅱ. ①环… Ⅲ. ①环境质量—研究报告—中国—2011 Ⅳ. ①X821.209

中国版本图书馆 CIP 数据核字（2012）第 297097 号

责任编辑 刘 璐
封面设计 彭 杉

出版发行 中国环境科学出版社
（100062 北京市东城区广渠门内大街 16 号）
网 址：http://www.cesp.com.cn
电子邮箱：bjgl@cesp.com.cn
联系电话：010-67112765（编辑管理部）
发行热线：010-67125803，010-67113405（传真）
印装质量热线：010-67113404
印 刷 北京盛通印刷股份有限公司
经 销 各地新华书店
版 次 2012 年 12 月第 1 版
印 次 2012 年 12 月第 1 次印刷
开 本 787×1092 1/16
印 张 12
字 数 264 千字
定 价 59.00 元

《2011中国环境质量报告》编委会名单

主　任　吴晓青

副主任　万本太　罗　毅　陈　斌

编　委（以姓氏笔画为序）

王业耀　王瑞斌　刘　方　刘廷良　刘砚华　孙宗光
朱建平　何立环　张建辉　张殷俊　李　茜　李名升
李健军　肖建军　林兰钰　罗海江　唐桂刚　傅德黔
景立新

主　编　罗　毅　陈　斌

副主编　朱建平　王业耀　傅德黔　张建辉

编　辑　（中国环境监测总站　以姓氏笔画为序）

丁　页　丁俊男　于　洋　王　帅　王　玮　王军霞
王晓彦　王晓斐　史　宇　刘　允　刘　冰　刘　京
刘海江　孙　聪　朱　擎　张　欣　张凤英　张守斌
李　亮　李　钢　李　曌　李文攀　李东一　李俊龙
李晓明　李莉娜　杜　丽　杨　齐　汪　巍　沈　欣
陆泗进　陈　平　陈　佳　陈　鑫　陈亚男　周　冏
周　密　周　磊　孟晓艳　郑皓皓　姚志鹏　赵晓军
赵熠琳　高小晋　嵇晓燕　彭福利　董贵华　解淑艳
潘本锋

（地方环境监测站　以行政区划代码为序）

荆红卫　（北京市环境保护监测中心）
张　震　（天津市环境监测中心）
张　丰　（河北省环境监测中心站）
李雅忠　（山西省环境监测中心站）

岳彩英　　（内蒙古自治区环境监测中心站）
彭　跃　　（辽宁省环境监测中心站）
于爱敏　　（吉林省环境监测中心站）
陈家厚　　（黑龙江省环境监测中心站）
胡雄星　　（上海市环境监测中心）
董圆媛　　（江苏省环境监测中心）
俞　洁　　（浙江省环境监测中心）
耿天召　　（安徽省环境监测中心站）
陈文花　　（福建省环境监测中心站）
肖南娇　　（江西省环境监测中心站）
毛　欣　　（山东省环境监测中心站）
安国安　　（河南省环境监测中心站）
施敏芳　　（湖北省环境监测中心站）
彭英湘　　（湖南省环境监测中心站）
刘　军　　（广东省环境监测中心）
邓敏军　　（广西壮族自治区环境监测中心）
江美凤　　（海南省环境监测中心站）
刘兰玉　　（重庆市环境监测中心）
余　恒　　（四川省环境监测中心站）
姜　杰　　（贵州省环境监测中心站）
赵博捷　　（云南省环境监测中心站）
袁德惠　　（西藏自治区环境监测中心站）
丁　强　　（陕西省环境监测中心站）
李　珉　　（甘肃省环境监测中心站）
李淑敏　　（青海省环境监测中心站）
张玉龙　　（宁夏回族自治区环境监测中心站）
康　宏　　（新疆维吾尔自治区环境监测总站）
王　蕾　　（环境保护部辐射环境监测技术中心）
寇姝静　　（环境保护部辐射环境监测技术中心）
何松琴　　（浙江省舟山海洋生态环境监测站）

主 编 单 位　中国环境监测总站

参加编写单位　环境保护部辐射环境监测技术中心

浙江省舟山海洋生态环境监测站

资料提供单位　各省、自治区、直辖市环境监测中心（站）

各省辖市（地区、州、盟）环境监测（中心）站

前　言

2011年，面对复杂多变的国际政治经济环境和艰巨繁重的国内改革发展任务，党中央、国务院团结带领全国各族人民，坚持以邓小平理论和“三个代表”重要思想为指导，坚持以科学发展为主题，以加快转变经济发展方式为主线，妥善处理速度、结构和物价三者关系，有效地应对突出的矛盾和问题，巩固了应对国际金融危机冲击的成果，国民经济保持平稳较快发展。国务院印发了《关于加强环境保护重点工作的意见》和《国家环境保护“十二五”规划》，召开了第七次全国环境保护大会，中共中央政治局常委、国务院副总理李克强出席会议并发表重要讲话，进一步明确了“十二五”环境保护目标任务、重点工作及政策措施。环境保护的战略地位更加强化，指导思想更加明晰，重点任务更加突出，保障措施更加有力。

2011年，全国环境监测系统按照“全国环境监测工作一盘棋、环境监测队伍一条龙、环境监测技术天地一体化”的战略部署，紧紧围绕“说清污染源状况、说清环境质量现状及其变化趋势、说清潜在的环境风险”的任务目标，以国家环境监测网为依托，开展了地表水、空气、酸沉降、沙尘天气影响、温室气体与空气背景、集中式饮用水水源地、近岸海域、城市噪声、生态等各环境要素监测和污染源监督性监测工作。国家环境监测网监测数据表明，2011年，全国环境质量状况总体保持平稳。

本报告在编写过程中得到了各省（自治区、直辖市）环境监测中心（站）及各省辖市（地区、州、盟）环境监测中心（站）、环境保护部辐射环境监测技术中心、浙江省舟山海洋生态环境监测站的大力支持和帮助，在此表示衷心的感谢！由于视野和水平有限，书中难免存在不足之处，敬请批评指正。

目　录

第一篇　背景篇

第二篇　污染物排放篇

第三篇　环境质量篇

第四篇 总结篇

第五篇 专题篇

第一篇

背 景 篇

1 概　况

1.1　环境监测工作概况

1.1.1　环境空气监测

（1）城市环境空气监测

2011 年，全国有 325 个地级及以上城市（含地、州、盟所在地，以下简称地级以上城市）开展了环境空气质量监测。目前，113 个环保重点城市（661 个空气自动监测站点）实现不间断环境空气自动监测，每日上报和发布环境空气质量日报。地级以上城市每月上报空气质量数据。

环境空气常规监测指标包括二氧化硫（SO_2）、二氧化氮（NO_2）、可吸入颗粒物（PM_{10}）。部分城市开展光化学烟雾和灰霾试点监测，包括臭氧（O_3）、一氧化碳（CO）、细颗粒物（$PM_{2.5}$）、挥发性有机化合物（VOCs）等。

（2）酸雨监测

2011 年，全国 468 个城市（县）927 个监测点位（其中约四分之三为城区点，四分之一为郊区点）报送了降水监测数据。468 个城市均对降水 pH 值和降水量进行了监测，339 个城市对硫酸根离子、硝酸根离子、氟离子、氯离子、铵离子、钙离子、镁离子、钠离子、钾离子 9 种离子进行了监测。

468 个报送降水监测数据的城市（县）中，有 191 个位于酸雨控制区，64 个位于二氧化硫控制区。339 个监测全部离子组分的城市（县）中，有 157 个位于酸雨控制区，51 个位于二氧化硫控制区。

（3）沙尘天气影响环境空气质量监测

2011 年，沙尘天气影响环境空气质量监测网覆盖全国 82 个点位。沙尘天气监测指标中必测项目包括 PM_{10} 和 TSP，选测项目包括能见度、风速、风向和大气压监测。在 1—6 月进行连续监测，其他时间在沙尘天气发生时开展实时监测。

在大范围沙尘天气发生时，113 个环保重点城市组成的国家环境空气质量监测网可作为沙尘监测网的补充，共同反映沙尘天气对城市空气质量的影响。

（4）环境空气试点监测

臭氧试点监测

2011 年，北京、天津、上海、重庆、广东、青岛和沈阳 7 个省市环境监测站开展臭氧试点监测，共设置监测点位 18 个，其中上海、天津各 4 个，其他省市各 2 个。监测项目主要有 O_3、NO、NO_2、NO_x、气象参数，以及根据条件开展的 VOCs 等臭氧前体物、太阳辐射等相关气象影响因素的监测。监测方法为 24 小时连续自动监测。

灰霾试点监测

2011 年，天津、上海、重庆、广东、江苏、南京、宁波、深圳和广州 9 个省市环境监测站开展了灰霾影响城市环境空气质量的监测试点工作，共设置监测点位 17 个，包括城区点 12 个，远郊点 5 个。常规监测项目包括气象参数（风、温、湿、压、降水）、SO_2、NO、NO_2、PM_{10}、$PM_{2.5}$、O_3、能见度、VOCs 等，并根据条件开展 CO、太阳辐射、$PM_{10}/PM_{2.5}$ 组分（EC、OC、离子和金属）和黑碳等项目监测。监测方法以连续自动监测为主，辅以实验室分析。

试点性监测

2011 年，113 个重点城市的国家环境空气监测点位对于环境空气质量标准中有规定，但未纳入常规例行监测的项目：TSP、铅、苯并[*a*]芘、氟化物，开展试点性监测。监测方法按照《环境空气质量手工监测技术规范》（HJ/T 194—2005）的规定进行。在上半年和下半年各监测 5 天。

（5）温室气体监测

2011 年，全国 4 个直辖市和 27 个省会城市，以及福建武夷山、山东长岛、青海高原和内蒙古呼伦贝尔 4 个温室气体区域代表站开展温室气体监测。其中，31 个城市站开展二氧化碳（CO_2）、甲烷（CH_4）监测，4 个背景站开展二氧化碳（CO_2）、甲烷（CH_4）、氧化亚氮（N_2O）监测。监测方法为 24 小时连续自动监测。

（6）空气背景监测

2011 年，10 个国家空气监测背景站（内蒙古呼伦贝尔站、吉林长白山站、山东长岛站、山西庞泉沟站、四川海螺沟站、湖北神农架站、湖南衡山站、福建武夷山站、海南五指山站、广东南岭站）进行了试运行，开展了空气背景监测。监测项目主要包括 SO_2、NO_2、PM_{10} 和 $PM_{2.5}$。监测方法为 24 小时连续自动监测。

（7）农村区域空气质量监测

2011 年，全国 29 个区域（农村）站进行了试运行，开展了农村区域空气质量监测。监测项目包括 SO_2、NO_2 和 PM_{10}。监测方法为 24 小时连续自动监测。

1.1.2 地表水环境监测

（1）地表水水质监测

2011 年，国家地表水监测网覆盖长江、黄河、珠江、松花江、淮河、海河和辽河七大江河水系，太湖、滇池和巢湖环湖河流，以及浙闽片河流、西北诸河和西南诸河等共 320 条河流的 604 个断面；太湖、滇池、巢湖等 28 个（座）重点湖库的 155 个点位。

监测指标为《地表水环境质量标准》（GB 3838—2002）表 1 规定的 24 项。河流增测电导率和流量，湖库增测透明度、叶绿素 a 和水位等指标。监测时间为每月 1—10 日。

（2）地表水水质自动监测

国家水质自动监测断面共布设 149 个，主要分布于重点流域、国界河流、省界河流、主要湖库以及主要入河（湖库）口、入海口等。河流监测五参数（水温、pH 值、溶解氧、电导率和浊度）、氨氮、高锰酸盐指数和总有机碳等指标。湖库增加总氮、总磷和叶绿素 a 等指标。

其中，VOC 水质自动监测断面有 8 个，分别为湖北武汉宗关、四川宜宾凉姜沟、四川泸州沱江二桥、重庆朱沱、黑龙江肇源、黑龙江同江、安徽蚌埠闸和江苏无锡沙渚。监测 18 种挥发性有机物：二氯甲烷、反式-1,2-二氯乙烯、顺式-1,2-二氯乙烯、三氯甲烷、1,2-二氯乙烷、苯、1,2-二氯丙烷、三氯乙烯、甲苯、四氯乙烯、氯苯、乙苯、对二甲苯、间二甲苯、苯乙烯、邻二甲苯、1,4-二氯苯、1,2-二氯苯。

生物毒性水质自动监测断面有 3 个，分别为重庆朱沱、泸州沱江二桥和宜宾凉姜沟。监测水体生物毒性。

（3）界河水质监测

2011 年，在国界河流（湖泊）78 个国控监测断面进行界河水质监测。国界河流监测指标为流量、水温、pH 值、电导率、溶解氧、高锰酸盐指数、化学需氧量、五日生化需氧量、氨氮、总磷、铜、锌、氟化物、硒、砷、汞、镉、铬（六价）、铅、氰化物、挥发酚、石油类、阴离子表面活性剂、硫化物和粪大肠菌群等，湖库增测透明度、总氮、叶绿素 a 和水位等指标（流量除外）。监测时间为每月 1—10 日。

（4）中俄界河联合监测

2011 年，中俄双方在额尔古纳河、黑龙江、乌苏里江、绥芬河和兴凯湖等共 9 个跨界水体水质监测断面进行联合监测。监测指标为《2011 年度中俄跨界水体水质联合监测实施方案》中要求的具体指标。监测时间为 2011 年 2 月、5 月、6 月和 8 月。

（5）环保重点城市集中式饮用水水源地水质监测

2011 年，113 个环保重点城市共监测 389 个集中式饮用水源地，其中地表水源地 238 个，地下水源地 151 个。地表水源地每月监测《地表水环境质量标准》（GB 3838—2002）中 24 项基本项目、5 项水源地补充项目和特定项目中前 35 项指标，每年进行一次 109 项全项指标监测；地下水源地每月按《地下水质量标准》（GB/T 14848—93）中 23 项指标进行监测。

（6）“三湖一库”蓝藻水华预警监测

2011 年，太湖、巢湖、滇池和三峡库区（简称“三湖一库”）继续开展蓝藻水华预警监测。其中，太湖湖体 20 个监测点位、3 个饮用水源地监测点位、3 个水质自动监测站和 18 个出入湖河流监测断面，巢湖 8 个湖体监测点位和 2 个水质自动监测站，滇池 10 个湖体监测点位，三峡库区 82 个监测断面。

1.1.3 近岸海域水质监测

（1）近岸海域海水水质监测

2011 年，全国近岸海域环境监测网成员单位根据不同情况和监测条件，进行了 2～3 期的监测。共设置监测站位 301 个，其中渤海 49 个、黄海 54 个、东海 95 个、南海 103 个。涉及 11 个沿海省份的 56 个沿海城市，监测面积 281 012 千米 ^{2}。

2011 年 6 月 1 日—9 月 30 日，中国环境监测总站组织 16 个沿海城市对 26 个海水浴场开展了水质监测工作。共监测 351 个次，发布部分沿海城市海水浴场水质周报 18 期。

（2）陆源污染物入海情况监测

2011 年，全国近岸海域环境监测网对 432 个污水日排放量大于 100 立方米的直排海污染源和 194 个入海河流断面进行了污染物入海量监测。

1.1.4 城市声环境质量监测

2011 年，城市声环境质量监测包括城市区域、城市道路交通及城市功能区噪声。城市区域和城市道路交通噪声为昼间监测，城市功能区噪声为 24 小时监测。2011 年，上报城市区域、道路交通和功能区声环境质量监测数据的城市分别为 316 个、316 个和 253 个。

1.1.5 生态环境质量监测

全国生态环境监测与评价的遥感数据源主要为 2009—2010 年度 Landsat5 TM、HJ-1 等多源遥感数据，结合环境统计、水资源、基础地理信息、土壤侵蚀等数据。

生物丰度指数和植被覆盖指数主要采用遥感解译数据评价获得；水网密度指数中的河流长度使用全国 1∶25 万基础地图中的河流长度，湖库面积采用遥感解译数据；省域水资源量来自 2009 年、2010 年《中国水资源公报》，县域水资源量由各省（自治区、直辖市）环境监测中心（站）报送；土壤侵蚀数据中，由于不能获取新的数据，新疆、广东、湖北、浙江、辽宁为 2005 年度数据，北京、海南、湖南、天津、山东、吉林、云南、河北、广西、内蒙古、贵州、西藏和上海为 2000 年度数据，其他省（自治区、直辖市）为 2004 年度数据；省域环境质量指数中的二氧化硫、化学需氧量和固体废物排放量来自 2009 年、2010 年《中国环境统计年报》，县域的由各省（自治区、直辖市）环境监测中心（站）报送；省域降水量来自 2009 年、2010 年《中国水资源公报》，县域降水量由各省（自治区、直辖市）环境监测中心（站）报送。

1.1.6 农村环境质量试点监测

2011 年，根据《2011 年全国农村环境质量试点监测方案》，在每个省（自治区、直辖市）至少选择 9 个村庄，针对农村空气、饮用水源地、河流（水库）和土壤环境进行监测。

截至 2011 年底，除西藏自治区外，全国 30 个省（自治区、直辖市）及新疆生产建设兵团各有关环境监测站共调查监测了 364 个试点村庄的环境质量状况。

1.1.7 土壤环境质量试点监测

2011 年，对 30 个省（自治区、直辖市，西藏自治区未开展此项工作）污染企业的周边土壤开展试点监测。全国共调查污染企业 274 个，共布设点位 1 785 个，评价项目为 14 种重金属和苯并（a）芘。污染企业类别涉及无机化工与有机化工业（简称化工行业），金属与非金属采矿、冶炼与加工业（简称采矿行业），发电与能源供给业（简称电力行业），电镀、电池与电子器件制造业（简称电镀行业），纺织、印染、皮革与化纤制品业（简称纺织行业），钢铁、机械及设备制造业（简称钢铁行业）以及其他行业等七类。

1.1.8 辐射环境质量监测

辐射包括电离辐射和电磁辐射。辐射环境监测包括辐射环境质量监测、国家重点监管的核与辐射设施以及电磁辐射设施周围辐射环境监督性监测。2011 年，国家辐射环境监测网和部分省辐射环境监测网的监测结果中，辐射环境质量监测包括：

38 个辐射环境自动站，涵盖了 31 个省（自治区、直辖市）的省会城市和包头、青岛、大连、丹东、威海等城市，连续监测环境γ辐射空气吸收剂量率。其中部分自动站开展气溶胶和沉降物总α、总β活度浓度以及空气中氚（HTO）活度浓度监测。

360 个陆地辐射监测点，涵盖了 31 个省（自治区、直辖市）255 个地级及以上城市，开展瞬时环境γ辐射空气吸收剂量率和环境γ辐射累积剂量监测。

122 个水体断面，其中主要江河水系 86 个断面，涵盖了长江、黄河、珠江、松花江、淮河、海河和辽河七大江河水系以及浙闽区河流、西南西北诸河和国界河流；重点湖泊 10 个，重点水库 4 个；城市集中式地表饮用水源地 10 个，地下饮用水源地 2 个；近岸海域监测点 10 个。地表水和地表饮用水源地监测总α、总β、铀、钍、镭-226、钾-40、锶-90、铯-137 活度浓度，地下饮用水源地监测总α、总β、铀、钍、镭-226、钾-40 活度浓度，海水监测铀、钍、镭-226、锶-90、铯-137 活度浓度。

209 个土壤监测点，涵盖了全国 31 个省（自治区、直辖市）174 个地级及以上城市，监测铀-238、钍-232、镭-226、钾-40、锶-90、铯-137 比活度。

58 个电磁环境点，涵盖了 30 个省（自治区、直辖市）40 个地级及以上城市，监测环境综合电场强度。

此外，国家辐射环境质量监测网还在 27 个国家重点监管的核与辐射设施周围设置了核环境安全预警站点包括核电站，研究堆和实验堆等其他各类核反应堆，核燃料生产、加工、贮存和后处理设施，铀矿山及水冶系统，伴生放射性矿物采选利用设施。核环境安全预警站点根据核设施的源项、平面布置，以及核设施周围自然环境和社会环境状况（包括气象、水文、地质、生态、人口分布、饮食及生活习惯等），按照《全国辐射环境监测方案（暂行）》（环办[2003]56 号）和《辐射环境监测技术规范》（HJ/T 61—2002）的要求开展监测，通过与核设施运行前的辐射本底水平或对照点的参考水平对比，监督核设施运行对周围环境所产生的即时影响或长期累积趋势影响，估算核设施放射性物质排放对周围公众附加的有效剂量。

国家辐射环境质量监测网在 41 个重点电磁辐射设施周围设置了电磁辐射设施站点，包括广播电视发射系统、高压输变电系统、磁悬浮列车和移动通信基站，根据各电磁设施的发射频率和功率，按照《全国辐射环境监测方案（暂行）》（环办[2003]56 号）的要求，开展电磁辐射监督性监测。

1.1.9 国家重点监控企业污染源监督性监测

2011 年，按照环境保护部印发的《2011 年国家重点监控企业名单》对国家重点监控企业污染源执行监督性监测。监测内容包括污染物排放监测和自动监测设备比对监测。其中，污染物排放监测内容包括污染物的浓度和流量；自动监测设备比对监测的内容包括废水污染物浓度和废气气态污染物浓度、颗粒物浓度、氧量、烟温和平均流速等。监督性监测每季度至少监测一次；季节性生产企业生产期间至少每月监测 1 次，总监测次数不少于 4 次。

1.2 环境监测数据质量核查

2011 年，环境监测数据质量核查工作全面开展。国控网成员单位环境监测质量管理体系运行情况考核（试点）工作重点监督和核查了全国监测系统的监测技术规范执行情况，包括管理制度、人员持证及设备运行等情况。通过盲样测试和现场检查的方式，对国控监测站实验室进行了监测质量控制考核。通过现场同步比对抽测与质控检查相结合的方式，对国家重点监控企业污染源进行核查监测。地表水环境监测方面，对国控断面和自动监测站进行核查监测，并对环保重点城市集中式生活饮用水源地和国界河流（湖泊）开展监督性监测。环境空气监测方面，通过标气考核、巡检与现场比对测试以及酸雨监测质控检查考核三种方式，完成了国家环境空气质量监测网监测质量保证核查监测工作。同时，还积极开展了近岸海域水质监督性监测和噪声核查监测等环境监测质量管理工作。

第二篇

污染物排放篇

2

主要污染物排放

2.1 废水

2.1.1 全国废水及主要污染物排放情况

2.1.1.1 废水排放情况

2011年，全国废水排放量659.2亿吨。其中，工业废水排放量230.9亿吨，占废水排放总量的35.0%；生活污水排放量427.9亿吨，占废水排放总量的64.9%；集中式污染治理设施废水排放量0.4亿吨，占废水排放总量的0.1%。

表2-1 2011年全国废水及其主要污染物排放情况

项目	合计	工业源	农业源	城镇生活源	集中式污染治理设施
废水/亿t	659.2	230.9	—	427.9	0.4
化学需氧量/万t	2 499.9	354.8	1 186.1	938.8	20.1
氨氮/万t	260.4	28.1	82.7	147.7	2.0

注：1. 自2011年起增加农业源的污染排放统计；2. 此处的集中式污染治理设施包括生活垃圾处理厂（场）和危险废物（医疗废物）集中处理（置）厂垃圾渗滤液中排放的污染物。

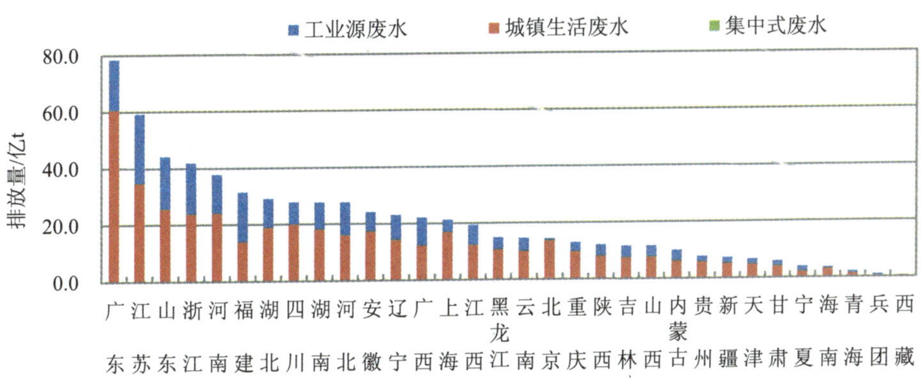

图2-1 2011年各地区废水排放情况

2.1.1.2 化学需氧量排放情况

2011 年，全国废水中化学需氧量排放量 2 499.9 万吨。其中，工业废水中化学需氧量排放量 354.8 万吨，占化学需氧量排放总量的 14.2%；农业源排放化学需氧量 1 186.1 万吨，占化学需氧量排放总量的 47.4%；城镇生活污水中化学需氧量排放量 938.8 万吨，占化学需氧量排放总量的 37.6%；集中式污染治理设施废水中化学需氧量排放量 20.1 万吨，占化学需氧量排放总量的 0.8%。

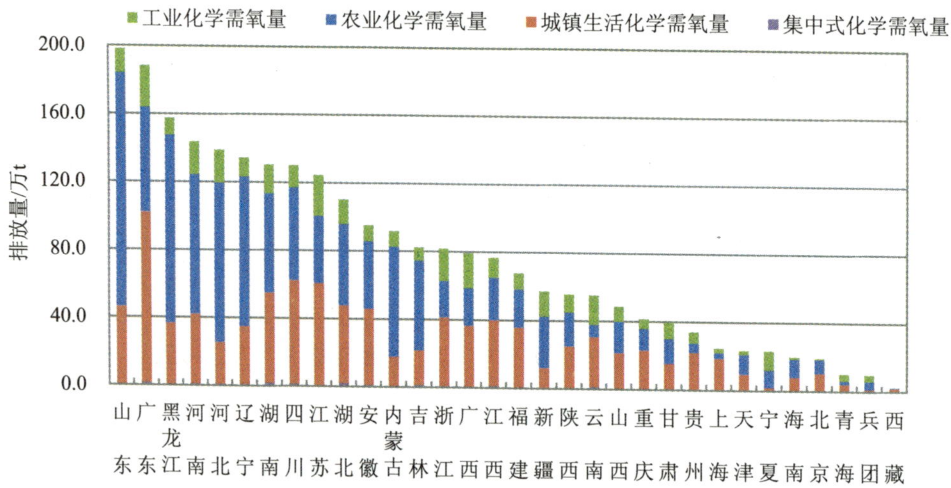

图 2-2　2011 年各地区化学需氧量排放情况

2.1.1.3 氨氮排放情况

2011 年，全国废水中氨氮排放量 260.4 万吨。其中，工业废水中氨氮排放量 28.1 万吨，占氨氮排放总量的 10.8%；农业源排放氨氮 82.7 万吨，占氨氮排放总量的 31.7%；城镇生活污水中氨氮排放量 147.7 万吨，占氨氮排放总量的 56.7%；集中式污染治理设施废水中氨氮排放量 2.0 万吨，占氨氮排放总量的 0.8%。

2.1.1.4 废水中重金属及其他污染物排放情况

2011 年，全国废水中石油类排放量 21 012.1 吨，挥发酚排放量 2 430.6 吨，氰化物排放量 215.4 吨。废水中六项重金属（铅、汞、镉、六价铬、总铬、砷）排放量分别为 155.2 吨、1.4 吨、35.9 吨、 106.4 吨、 293.2 吨和 146.6 吨。

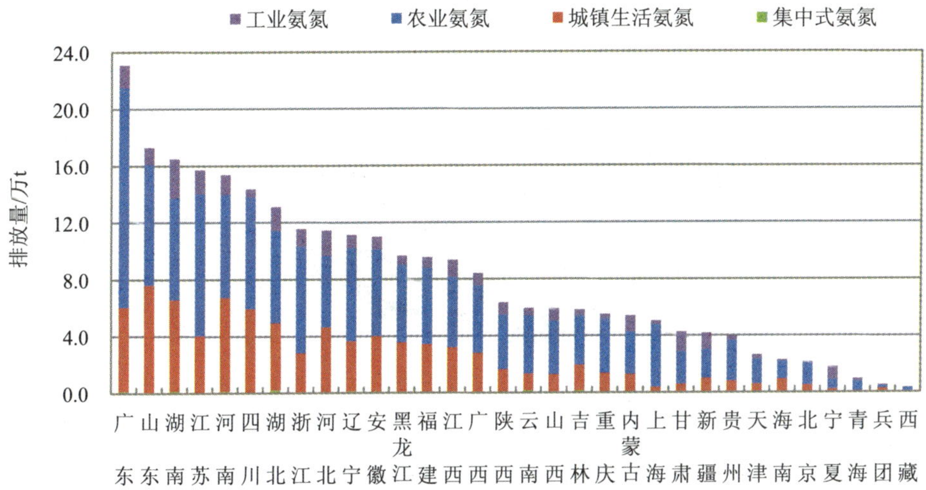

图 2-3　2011 年各地区氨氮排放情况

表 2-2　2011 年全国废水中重金属及其他污染物排放量　　单位：t

项目	石油类	挥发酚	氰化物	砷	铅	汞	镉	六价铬	总铬
工业源	20 589.1	2 410.5	215.4	145.2	150.8	1.2	35.1	106.2	290.3
集中式	423.0	20.0	—	1.4	4.4	0.2	0.8	0.2	2.9

2.1.2　环保重点城市废水及主要污染物排放情况

2011 年，113 个环保重点城市废水排放量 374.5 亿吨，占全国废水排放量的 56.8%。其中，工业废水排放量 121.5 亿吨，生活污水排放量 252.8 亿吨，集中式污染治理设施废水排放量 0.2 亿吨。

环保重点城市化学需氧量排放量 1 097.1 万吨，占全国化学需氧量排放总量的 43.9%。其中，工业化学需氧量排放量 146.8 万吨，农业化学需氧量排放量 514.5 万吨，生活化学需氧量排放量 426.6 万吨，集中式化学需氧量排放量 9.2 万吨。

环保重点城市氨氮排放量 122.2 万吨，占全国氨氮排放总量的 46.9%。其中，工业氨氮排放量 13.7 万吨，农业氨氮排放量 33.5 万吨，生活氨氮排放量 74.1 万吨，集中式氨氮排放量 0.9 万吨。

2.1.3　重点行业废水及主要污染物排放情况

2.1.3.1　重点行业废水排放情况

2011 年，在调查统计的 41 个工业行业中，废水排放量位于前 4 位的行业依次为造纸和纸制品业，化学原料和化学制品制造业，纺织业，电力、热力生产和供应业。4 个行业的废水排放量 107.0 亿吨，占重点调查统计企业废水排放总量的 50.3%。

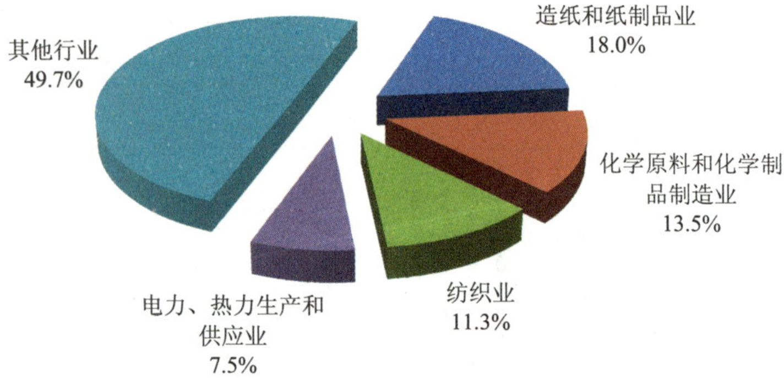

图 2-4　2011 年重点行业废水排放情况

2.1.3.2　重点行业化学需氧量排放情况

2011 年，在调查统计的 41 个工业行业中，化学需氧量排放量位于前 4 位的行业依次为造纸和纸制品业，农副食品加工业，化学原料和化学制品制造业，纺织业。4 个行业的化学需氧量排放量 191.5 万吨，占重点调查统计企业排放总量的 59.5%。

表 2-3　2011 年重点行业主要污染物排放情况

行业	化学需氧量/万 t	氨氮/万 t
造纸和纸制品业	74.2	2.5
农副食品加工业	55.3	2.1
化学原料和化学制品制造业	32.8	9.3
纺织业	29.2	2.0
累计	191.5	15.9

注：自 2011 年起，环境统计按《国民经济行业分类》（GB/T 4754—2011）标准执行分类统计。

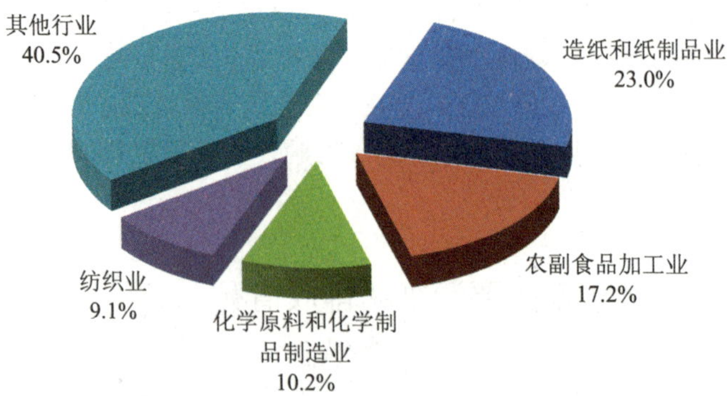

图 2-5　2011 年重点行业化学需氧量排放情况

2.1.3.3　重点行业氨氮排放情况

2011 年，在调查统计的 41 个工业行业中，氨氮排放量位于前 4 位的行业依次为化学原料和化学制品制造业，造纸和纸制品业，农副食品加工业，纺织业。4 个行业的氨氮排放量 15.9 万吨，占重点调查统计企业排放总量的 60.6%。

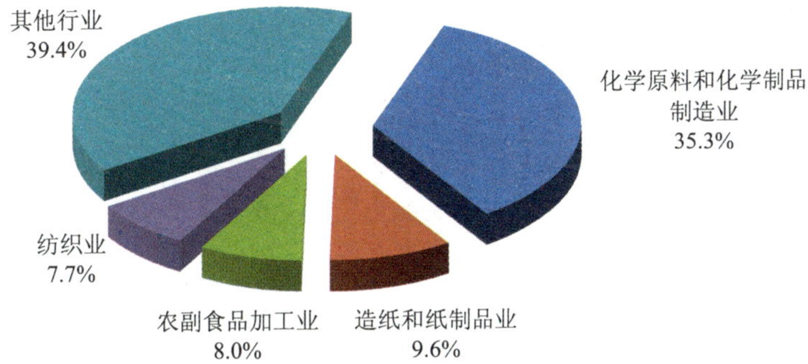

图 2-6　2011 年工业行业氨氮排放情况

2.2　废气

2.2.1　全国废气中主要污染物排放情况

2.2.1.1　二氧化硫排放情况

2011 年，全国工业废气排放量（标态）674 509.3 亿立方米。

全国二氧化硫排放量 2 217.9 万吨。其中，工业二氧化硫排放量 2 017.2 万吨，占全国二氧化硫排放总量的 91.0%；生活二氧化硫排放量 200.4 万吨，占全国二氧化硫排放总量的 9.0%；集中式污染治理设施二氧化硫排放量 0.3 万吨。

表 2-4　2011 年全国废气中主要污染物排放量　　单位：万 t

项目	合计	工业源	城镇生活源	机动车	集中式污染治理设施
二氧化硫	2 217.9	2 017.2	200.4	—	0.3
氮氧化物	2 404.3	1 729.7	36.6	637.6	0.3
烟（粉）尘	1 278.8	1 100.9	114.8	62.9	0.2

注：1. 自 2011 年起机动车从原来的生活源中分出进行单独统计；2. 自 2011 年起不再单独统计烟尘和粉尘，统一以烟（粉）尘进行统计；3. 机动车的烟（粉）尘排放量指机动车的颗粒物排放量；4. 此处集中式污染治理设施包括生活垃圾处理厂（场）和危险废物（医疗废物）集中处理（置）厂焚烧废气中排放的污染物。

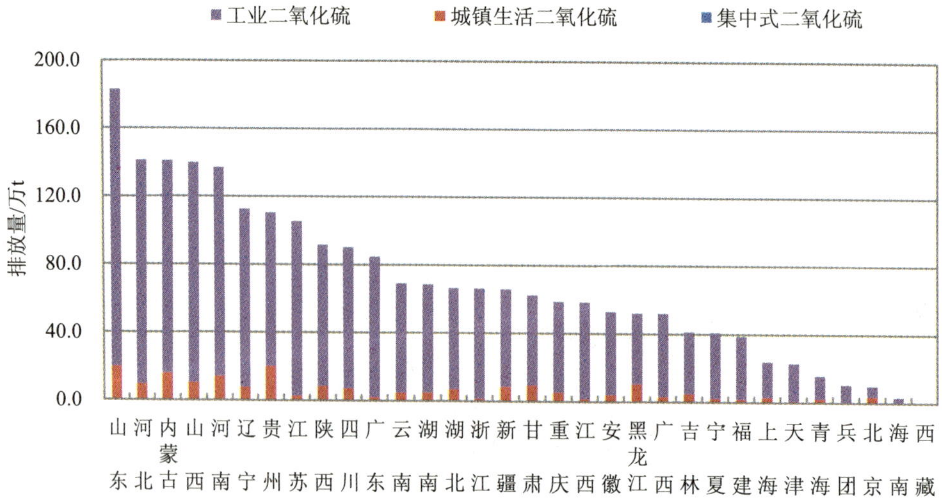

图 2-7 2011 年各地区二氧化硫排放情况

2.2.1.2 氮氧化物排放情况

2011 年，全国氮氧化物排放量 2 404.3 万吨。其中，工业氮氧化物排放量 1 729.7 万吨，占全国氮氧化物排放总量的 71.9%；生活氮氧化物排放量 36.6 万吨，占全国氮氧化物排放总量的 1.5%；机动车氮化物排放量 637.6 吨，占全国氮氧化物排放总量的 26.5%；集中式污染治理设施氮氧化物排放量 0.3 万吨。

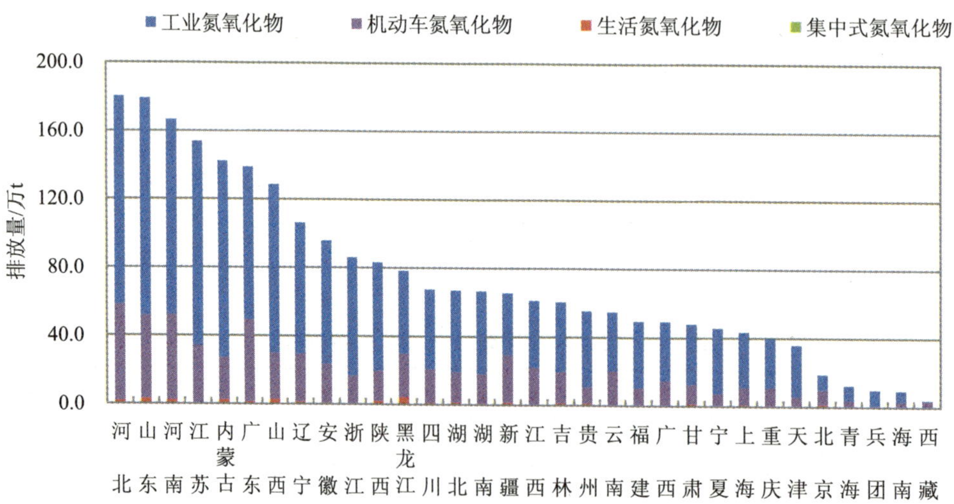

图 2-8 2011 年各地区氮氧化物排放情况

2.2.1.3 烟（粉）尘排放情况

2011 年，全国烟（粉）尘排放量 1 278.8 万吨。其中，工业烟（粉）尘排放量 1 100.9

万吨，占全国烟（粉）尘排放总量的 86.1%；生活烟（粉）尘排放量 114.8 万吨，占全国烟（粉）尘排放总量的 9.0%；机动车烟（粉）尘（颗粒物）排放量 62.9 万吨，占全国烟（粉）尘排放总量的 4.9%；集中式污染治理设施烟（粉）尘排放量 0.2 万吨。

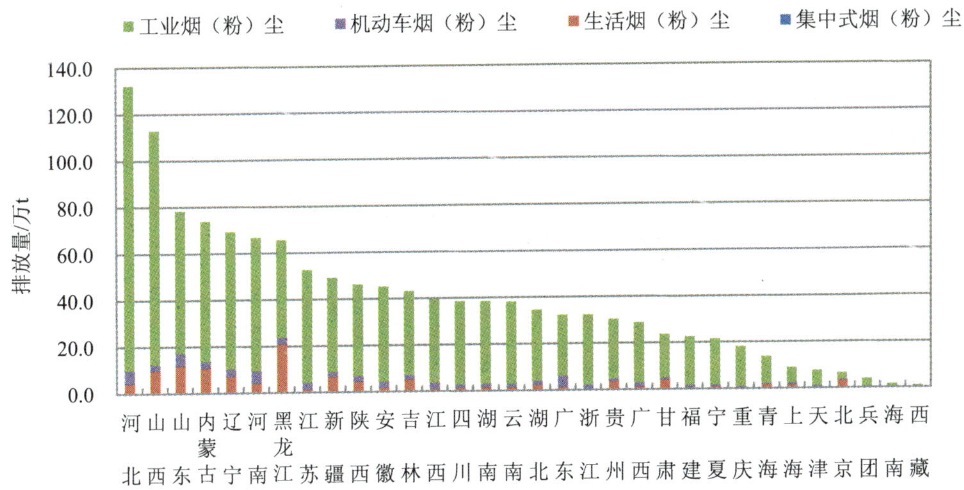

图 2-9　2011 年各地区烟（粉）尘排放情况

2.2.2　环保重点城市废气中主要污染物排放情况

2011 年，环保重点城市二氧化硫排放总量 1 093.5 万吨，占全国二氧化硫排放总量的 49.3%。其中，工业二氧化硫排放量 998.0 万吨，生活二氧化硫排放量 95.3 万吨，集中式污染治理设施二氧化硫排放量 0.2 万吨。

环保重点城市氮氧化物排放量 1 215.0 万吨，占全国氮氧化物排放总量的 50.5%。其中，工业氮氧化物排放量 909.1 万吨，生活氮氧化物排放量 18.8 万吨，机动车氮氧化物排放量 286.8 万吨，集中式污染治理设施氮氧化物排放量 0.3 万吨。

环保重点城市烟（粉）尘排放量 618.4 万吨，占全国烟（粉）尘排放总量的 48.4%。其中，工业烟（粉）尘排放量 532.5 万吨，生活烟（粉）尘排放量 56.4 万吨，机动车烟（粉）尘排放量 29.3 万吨，集中式污染治理设施烟（粉）尘排放量 0.2 万吨。

2.2.3　重点行业废气中主要污染物排放情况

2.2.3.1　二氧化硫排放情况

2011 年，在调查统计的 41 个工业行业中，二氧化硫排放量位于前 3 位的行业依次为电力、热力生产和供应业，黑色金属冶炼和压延加工业，非金属矿物制品业。3 个行业共排放二氧化硫 1 354.3 万吨，占重点调查统计企业二氧化硫排放总量的 71.4%。

表 2-5　2011 年重点行业废气中主要污染物排放情况　　单位：万 t

行业	二氧化硫	氮氧化物	烟（粉）尘
电力、热力生产和供应业	901.2	1 106.8	215.6
黑色金属冶炼和压延加工业	251.4	95.1	206.2
非金属矿物制品业	201.7	269.4	279.1
总计	1 354.3	1 471.4	700.8

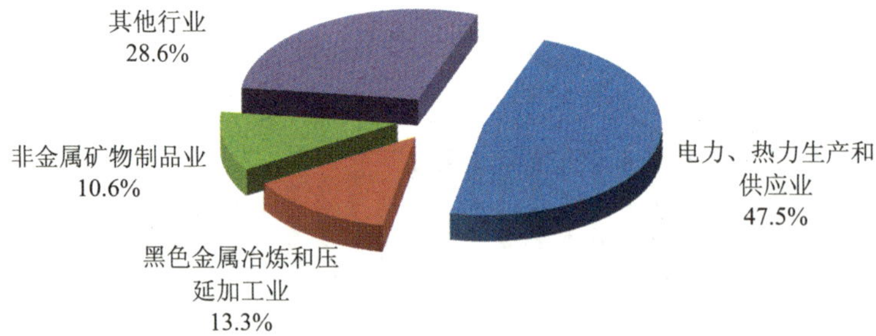

图 2-10　2011 年工业行业二氧化硫排放情况

2.2.3.2　氮氧化物排放情况

2011 年，在调查统计的 41 个工业行业中，氮氧化物排放量位于前 3 位的行业依次为电力、热力生产和供应业，非金属矿物制品业，黑色金属冶炼和压延加工业。3 个行业共排放氮氧化物 1 471.4 万吨，占重点调查统计企业氮氧化物排放总量的 88.6%。

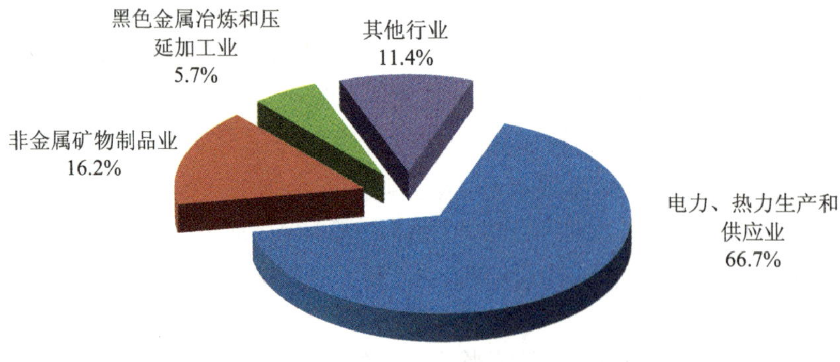

图 2-11　2011 年工业行业氮氧化物排放情况

2.2.3.3　烟（粉）尘排放情况

2011 年，在调查统计的 41 个工业行业中，烟（粉）尘排放量位于前 3 位的行业依次为非金属矿物制品业，电力、热力生产和供应业，黑色金属冶炼和压延加工业。3 个行业共排放烟（粉）尘 700.8 万吨，占重点调查统计企业烟（粉）尘排放总量的 68.2%。

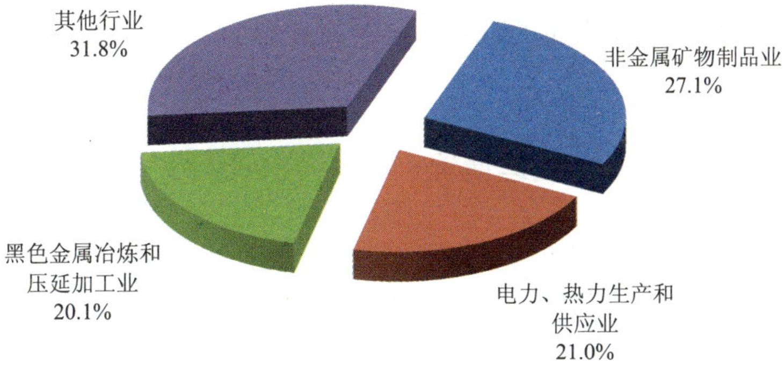

图 2-12　2011 年工业行业烟（粉）尘排放情况

2.3　工业固体废物及危险废物

2.3.1　全国一般工业固体废物产生及处理情况

2011 年，全国一般工业固体废物产生量 322 772.3 万吨，综合利用量 195 214.6 万吨，贮存量 60 376.7 万吨，处置量 70 465.3 万吨，倾倒丢弃量 433.3 万吨。全国一般工业固体废物综合利用率为 59.9%。

表 2-6　2011 年全国一般工业固体废物产生及处理情况　　单位：万 t

分类	产生量	倾倒丢弃量	综合利用量	贮存量	处置量
一般工业固体废物	322 772.3	433.3	195 214.6	60 376.7	70 465.3
危险废物	3 431.2	0.01	1 773.1	823.5	916.5

注：1. “综合利用量”包括综合利用往年贮存量，“处置量”包括处置往年贮存量；2. 工业固体废物综合利用率=工业固体废物综合利用量/（工业固体废物产生量+综合利用往年贮存量）；3. 危险废物处置率=危险废物处置量/（危险废物产生量+处置往年贮存量）。

2.3.2　全国工业危险废物产生及处理情况

2011 年，全国工业危险废物产生量 3 431.2 万吨，综合利用量 1 773.1 万吨，贮存量 823.5 万吨，处置量 916.5 万吨，倾倒丢弃量 0.01 万吨。全国工业危险废物处置率为 26.5%。

2.4 集中式污染治理设施情况

2.4.1 城镇生活污水集中处理情况

2011 年，全国共调查统计 3974 座污水处理厂，设计处理能力为 13 990.9 万吨/日。全年共处理废水 402.9 亿吨，其中，生活污水 349.7 亿吨，占总处理水量的 86.8%。共去除化学需氧量 1 014.9 万吨，氨氮 85.7 万吨，处置污泥 2 267.2 万吨。城镇生活污水处理率为 81.7%。

2.4.2 危险废物（医疗废物）集中处理（置）厂（场）情况

2011 年，全国共调查统计 644 座危险废物集中处理（置）厂（场），260 座医疗废物集中处理（置）厂（场），危险废物设计处置能力为 352 541.4 吨/日。全年共处置危险废物 312.9 万吨，其中，工业危险废物 193.4 万吨，医疗废物 102.7 万吨。采用填埋方式处置的危险废物共 121.5 万吨，采用焚烧方式处置的 133.6 万吨。

第三篇

环境质量篇

3 城市环境空气质量

3.1 地级以上城市

3.1.1 总体状况

2011 年，监测的 325 个地级及以上城市（含部分地、州、盟所在地和省辖市，以下简称地级以上城市）中，289 个城市达标，达标城市比例为 89.0%。广东梅州、河源、阳江，海南三亚，四川阿坝藏族羌族自治州、甘孜藏族自治州，云南普洱、怒江傈僳族自治州，西藏拉萨和新疆阿勒泰地区空气质量达到一级。

表 3-1　城市空气质量级别分布情况年际变化

空气质量级别	地级以上城市/%		环保重点城市/%	
	2010 年	2011 年	2010 年	2011 年
一级	3.3	3.1	0.9	0.9
二级	78.4	85.9	72.6	83.2
三级	16.5	9.8	25.7	15.9
劣三级	1.8	1.2	0.9	0.0

城市环境空气质量评价标准为《环境空气质量标准》（GB 3095—1996）。评价指标为二氧化硫（SO_2）、二氧化氮（NO_2）和可吸入颗粒物（PM_{10}）。

单项污染物级别由该项污染物年平均值对照环境空气质量年平均标准确定。二氧化硫、二氧化氮和可吸入颗粒物中最差一个单项污染物级别即为空气质量级别。达到或好于国家环境空气质量二级标准（一级和二级）为达标，超过二级标准（三级和劣三级）为超标。

《环境空气质量标准》（GB 3095—1996）部分污染物年均浓度限值

污染物	取值时间	浓度限值（标态）/（mg/m^3）		
		一级标准	二级标准	三级标准
二氧化硫（SO_2）	年平均	0.02	0.06	0.10
二氧化氮（NO_2）	年平均	0.04	0.08	0.08
可吸入颗粒物（PM_{10}）	年平均	0.04	0.10	0.15

北京、青海、新疆和陕西空气质量超标的城市占全部监测城市数的比例超过 25.0%。

表 3-2　2011 年各省份地级以上城市空气质量级别分布情况

省份	城市个数/个				超标城市比例/%	省份	城市个数/个				超标城市比例/%
	一级	二级	三级	劣三级			一级	二级	三级	劣三级	
北京	0	0	1	0	100.0	湖北	0	10	3	0	23.1
天津	0	1	0	0	0.0	湖南	0	14	0	0	0.0
河北	0	11	0	0	0.0	广东	3	18	0	0	0.0
山西	0	10	1	0	9.1	广西	0	13	1	0	7.1
内蒙古	0	9	3	0	25.0	海南	1	1	0	0	0.0
辽宁	0	14	0	0	0.0	重庆	0	1	0	0	0.0
吉林	0	9	0	0	0.0	四川	2	18	1	0	4.8
黑龙江	0	12	1	0	7.7	贵州	0	7	2	0	22.2
上海	0	1	0	0	0.0	云南	2	13	1	0	6.3
江苏	0	12	1	0	7.7	西藏	1	0	0	0	0.0
浙江	0	10	1	0	9.1	陕西	0	7	3	0	30.0
安徽	0	14	2	0	12.5	甘肃	0	11	3	0	21.4
福建	0	9	0	0	0.0	青海	0	0	1	0	100.0
江西	0	11	0	0	0.0	宁夏	0	5	0	0	0.0
山东	0	14	3	0	17.6	新疆	1	9	2	4	37.5
河南	0	15	2	0	11.8	总计	10	279	32	4	11.1

3.1.2 常规监测项目

3.1.2.1 二氧化硫

2011 年，地级以上城市二氧化硫（SO_2）年均浓度达标的城市占全部城市的 96.0%，比上年提高 1.1 个百分点。13 个城市二氧化硫年均浓度超标，但均达到三级标准。

山东和贵州二氧化硫超标的城市占全部监测城市数的比例超过 10.0%。

表 3-3　二氧化硫年均浓度分级年际变化

空气质量级别	地级以上城市/%		环保重点城市/%	
	2010 年	2011 年	2010 年	2011 年
一级	21.9	19.7	11.5	8.8
二级	73.0	76.3	77.0	84.1
三级	5.1	4.0	11.5	7.1
劣三级	0.0	0.0	0.0	0.0

2011 年，地级以上城市二氧化硫年均值的平均值为 0.035 毫克/米 ^{3}，与上年持平；环保重点城市二氧化硫年均值的平均值为 0.041 毫克/米 ^{3}，比上年略有下降。

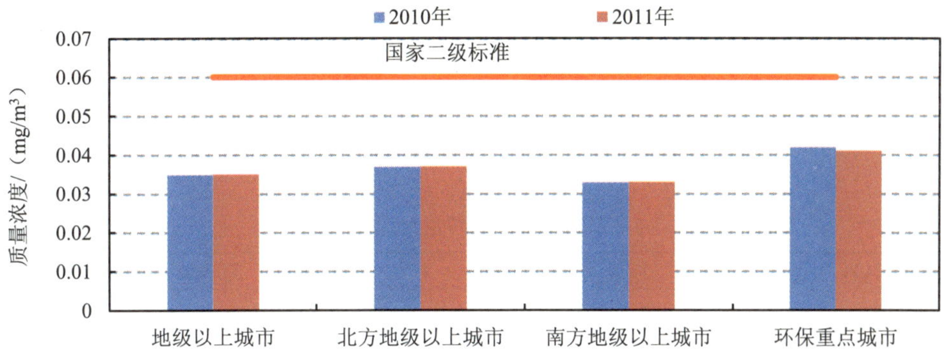

图 3-1　地级以上城市二氧化硫年均浓度年际变化

2011 年，地级以上城市空气中二氧化硫年均浓度为 0.003～0.084 毫克/米^3，分布区间较宽，城市间污染程度差异较大。年均浓度为 0.020～0.060 毫克/米^3（年均值二级标准）的城市占 76.3%，其中在 0.030～0.040 毫克/米^{3}区间分布的城市最多。

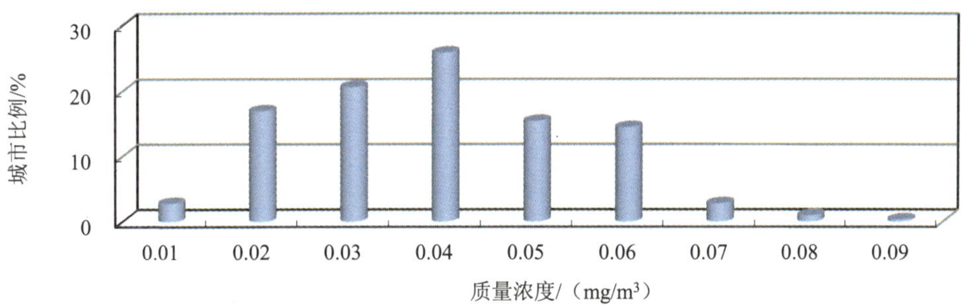

图 3-2　2011 年地级以上城市二氧化硫年均浓度分布

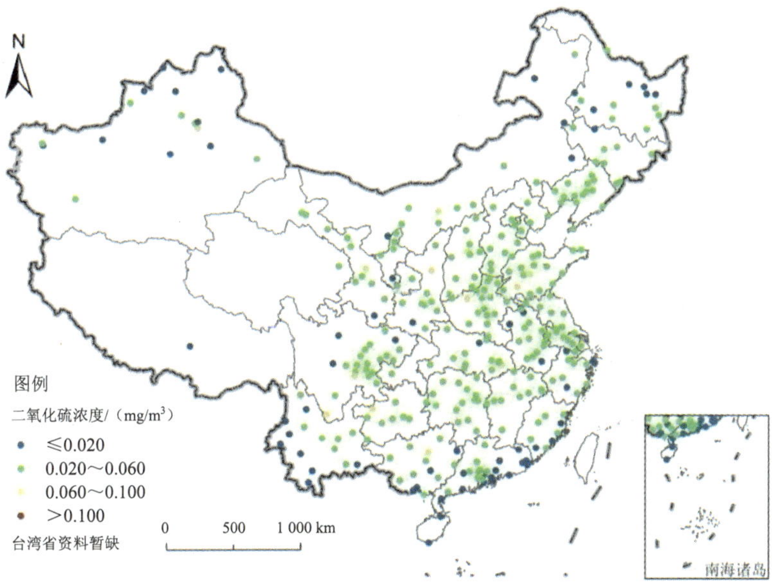

图 3-3　2011 年地级以上城市二氧化硫年均浓度分布示意图

3.1.2.2　二氧化氮

2011 年，地级以上城市二氧化氮（NO_2）年均浓度均达标。其中，达到一级标准的城市占 84.0%，达到二级标准的占 16.0%。

表 3-4　二氧化氮年均浓度分级年际变化

空气质量级别	地级以上城市/%		环保重点城市/%	
	2010 年	2011 年	2010 年	2011 年
一级	86.2	84.0	69.0	67.3
二级	13.8	16.0	31.0	32.7
三级	0.0	0.0	0.0	0.0
劣三级	0.0	0.0	0.0	0.0

2011 年，地级以上城市二氧化氮年均值的平均值为 0.029 毫克/米 ^{3}，比上年略有上升；环保重点城市二氧化氮年均值的平均值为 0.035 毫克/米 ^{3}，与上年持平。

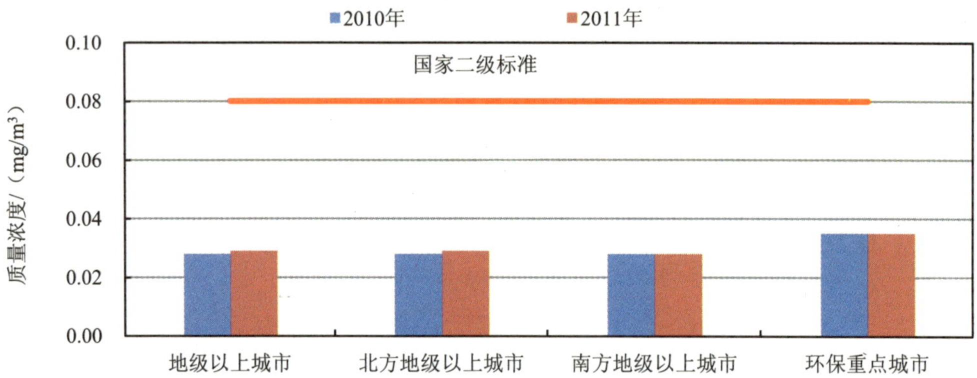

图 3-4　地级以上城市二氧化氮年均浓度年际变化

2011 年，地级以上城市空气中二氧化氮年均浓度为 0.004～0.068 毫克/米 ^{3}，分布区间较宽，城市间污染程度差异较大。年均浓度为 0.015～0.040 毫克/米 ^{3}（年均值一级标准）的城市占 71.4%，其中在 0.025～0.035 毫克/米 ^{3} 区间分布的城市最多。

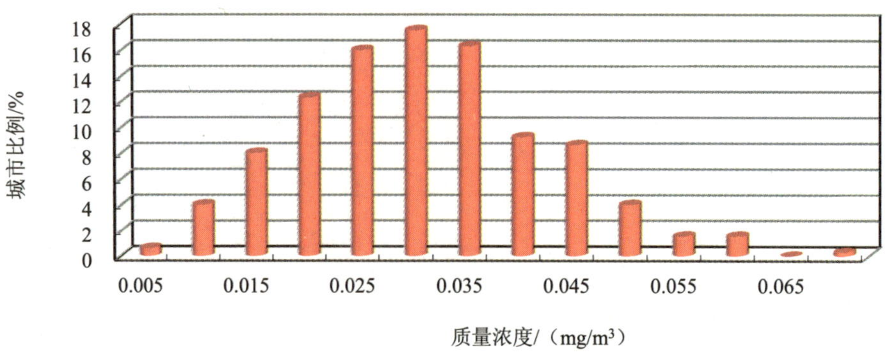

图 3-5　2011 年地级以上城市二氧化氮年均浓度分布

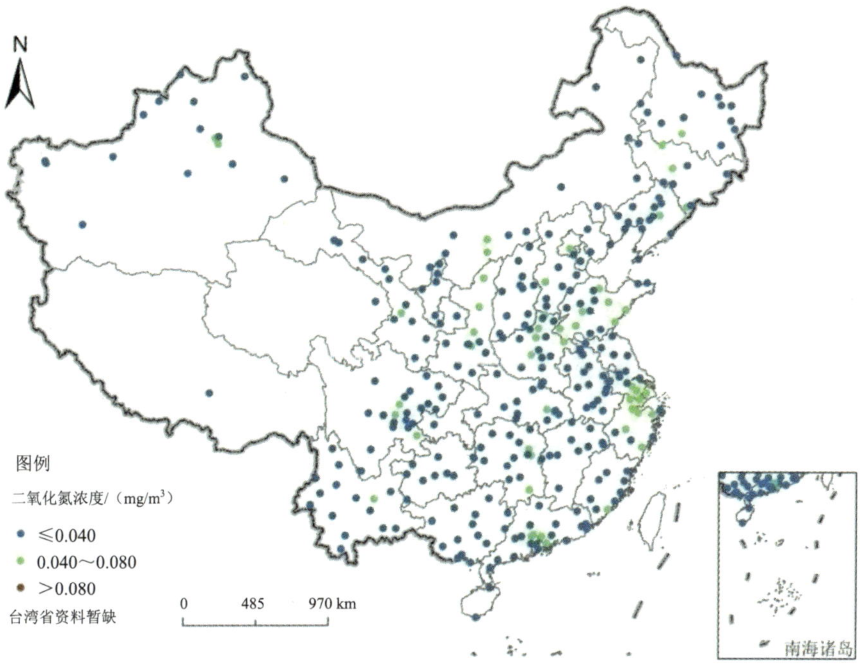

图 3-6　2011 年地级以上城市二氧化氮年均浓度分布示意图

3.1.2.3　可吸入颗粒物

2011 年，地级以上城市可吸入颗粒物（PM_{10}）年均浓度达标的城市占全部城市的 90.8%，比上年提高 5.8 个百分点。30 个城市可吸入颗粒物年均浓度超标，其中 4 个城市劣于三级标准。

北京、青海、新疆、陕西、湖北、甘肃、山东和内蒙古可吸入颗粒物超标的城市占全部监测城市数的比例超过 15.0%。

表 3-5　可吸入颗粒物年均浓度分级年际变化

空气质量级别	地级以上城市/%		环保重点城市/%	
	2010 年	2011 年	2010 年	2011 年
一级	3.9	4.3	0.9	0.9
二级	81.1	86.5	78.8	86.7
三级	13.8	8.0	19.5	12.4
劣三级	1.2	1.2	0.9	0.0

2011 年，地级以上城市可吸入颗粒物年均值的平均值为 0.078 毫克/米 ^{3}，比上年略有下降；环保重点城市可吸入颗粒物年均值的平均值为 0.085 毫克/米 ^{3}，比上年略有下降。

2011 年，地级以上城市空气中可吸入颗粒物浓度年均值为 0.025～0.352 毫克/米 ^{3}。93.6%的城市分布在 0.040～0.120 毫克/米 ^{3}，其中在 0.060～0.100 毫克/米 ^{3}（年均值二级标准）区间分布的城市最多。

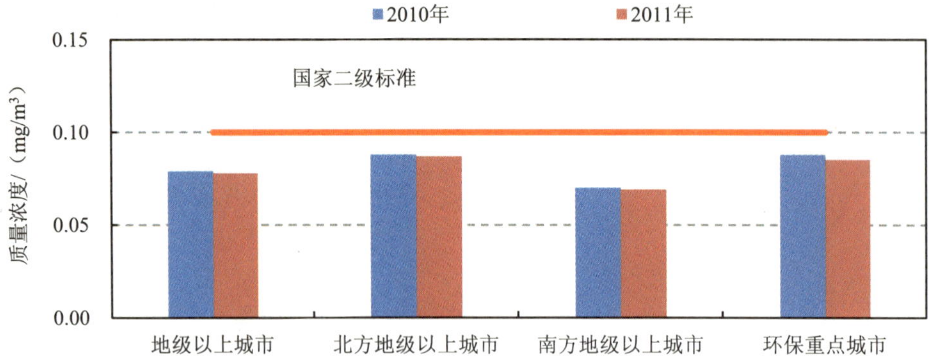

图 3-7　地级以上城市可吸入颗粒物年均浓度年际变化

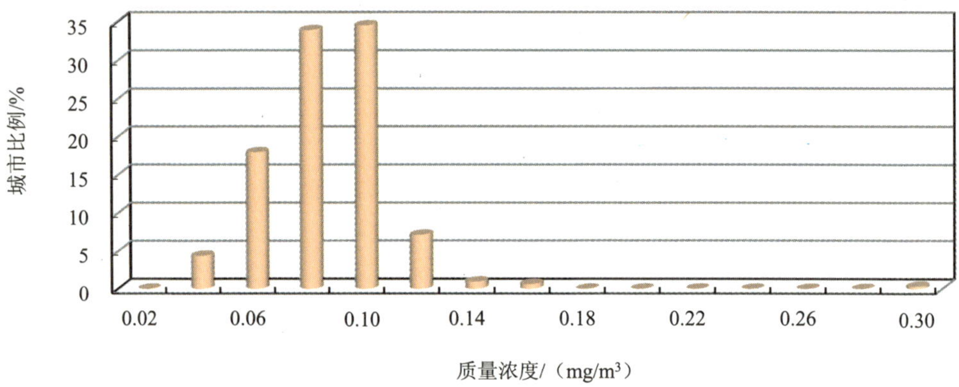

图 3-8　2011 年地级以上城市可吸入颗粒物年均浓度分布

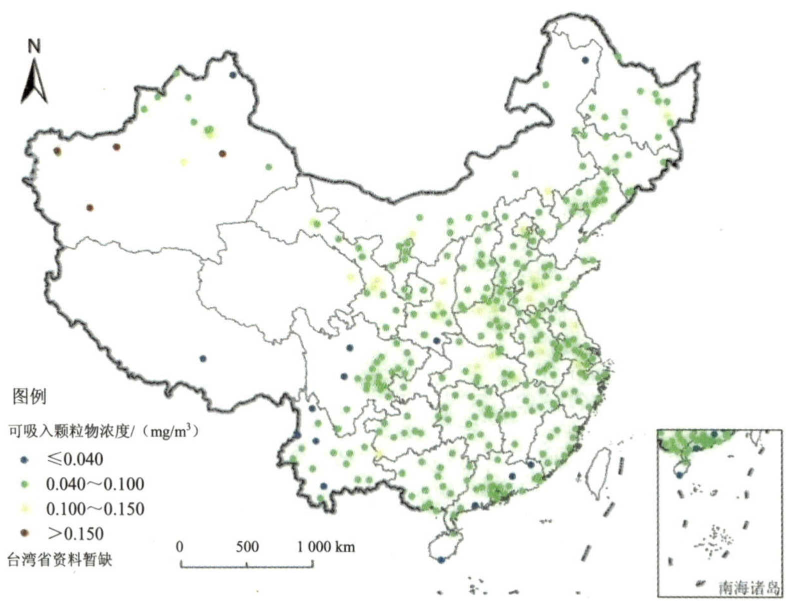

图 3-9　2011 年地级以上城市可吸入颗粒物年均浓度分布示意图

3.1.3　不同空气质量影响的人口比例

2011 年，空气质量达标的地级以上城市人口比例为 83.3%。其中，10 万以下、10 万～50 万、50 万～100 万和 100 万以上人口的达标城市人口比例分别为 89.0%、89.8%、92.2% 和 79.4%。

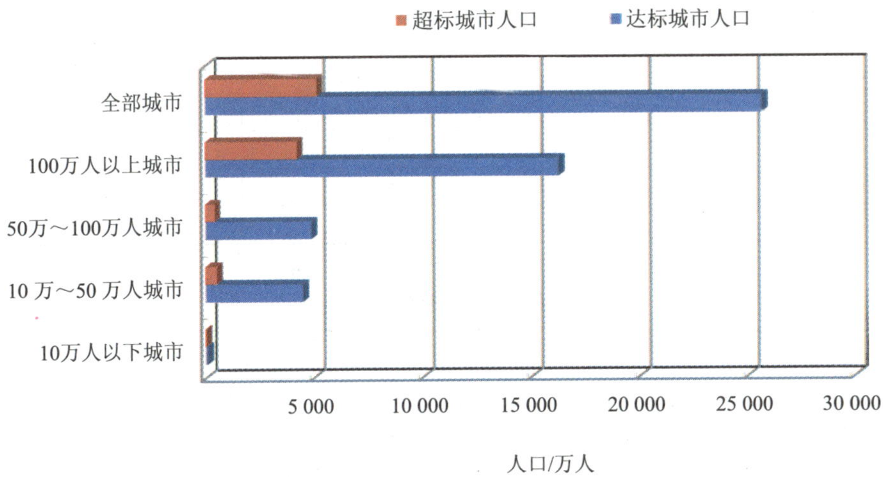

图 3-10　2011 年不同规模城市不同空气质量影响的人口数

3.1.4　优良天数

2011 年，325 个地级以上城市平均优良天数比例为 94.0%。其中，314 个城市优良天数高于（含等于）80%，占地级以上城市数的 96.6%；52 个城市全部优良，占 16.0%。

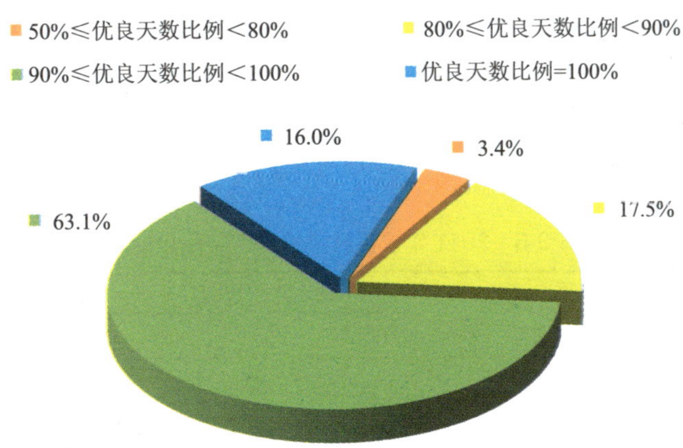

图 3-11　2011 年地级以上城市优良天数比例分布

空气综合污染指数（API）的评价指标为 SO_2、NO_2 和 PM_{10}。评价标准为《环境空气质量标准》（GB 3095—1996）。

API 标准对应的污染物浓度限值

API 指数	污染物浓度（日均值，mg/m^3）		
	SO_2	NO_2	PM_{10}
50	0.05	0.08	0.05
100	0.15	0.12	0.15
200	0.80	0.28	0.35
300	1.60	0.57	0.42
400	2.10	0.75	0.50
500	2.62	0.94	0.60

API 标准及相应的空气质量类别

API 指数	空气质量状况	表征颜色	对健康的影响
0～50	优	蓝	可正常活动
51～100	良	绿	
101～150	轻微污染	黄	易感人群症状有轻度加剧，健康人群出现刺激症状
151～200	轻度污染		
201～250	中度污染	橙	心脏病和呼吸系统疾病患者应减少体力消耗和户外活动
251～300	中度重污染		
＞300	重污染	红	健康人运动耐受力降低，有明显强烈症状，提前出现某些疾病

3.1.5 污染频度及首要污染物

2011 年，325 个地级以上城市共出现空气污染 6 944 天次。其中，轻微、轻度、中度、中度重和重污染各占 84.7%、10.4%、1.2%、1.0%和 2.7%。

以 PM_{10} 为首要污染物的污染天数占全部污染天数的 94.0%，以 SO_2 和 NO_2 为首要污染物的污染天数分别占 5.5%和 0.5%。

表 3-6　2011 年首要污染物及污染频度一览表

污染等级	首要污染物	污染天数/天	出现城市数/个
轻微污染	SO_2	381	82
	NO_2	30	12
	PM_{10}	5 467	264
轻度污染	SO_2	0	0
	NO_2	6	3
	PM_{10}	718	156

污染等级	首要污染物	污染天数/天	出现城市数/个
中度污染	SO_2	0	0
	NO_2	1	1
	PM_{10}	84	44
中度重污染	SO_2	0	0
	NO_2	0	0
	PM_{10}	67	41
重污染	SO_2	0	0
	NO_2	0	0
	PM_{10}	190	64

3.1.6 各省（自治区、直辖市）主要污染物浓度

31 个省（自治区、直辖市）SO_2 和 NO_2 年均浓度均达标，除新疆、北京和青海 PM_{10} 年均浓度超标外，其余省份均达标。

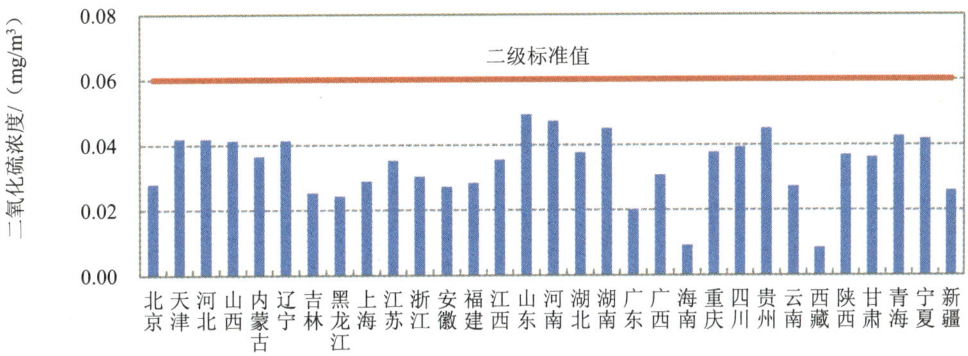

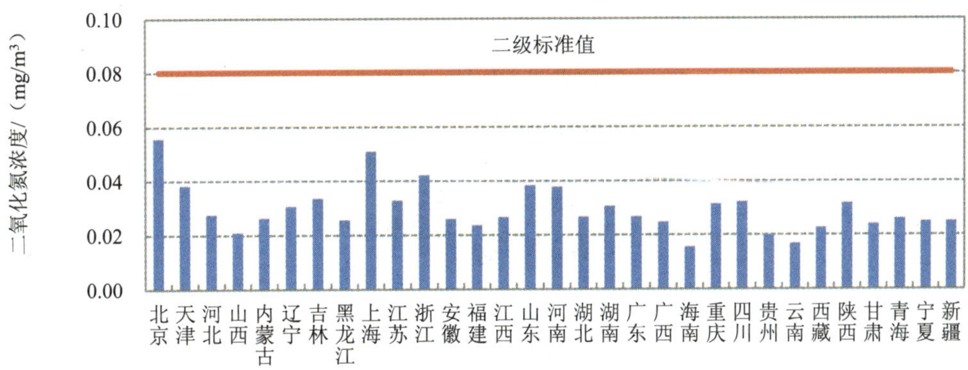

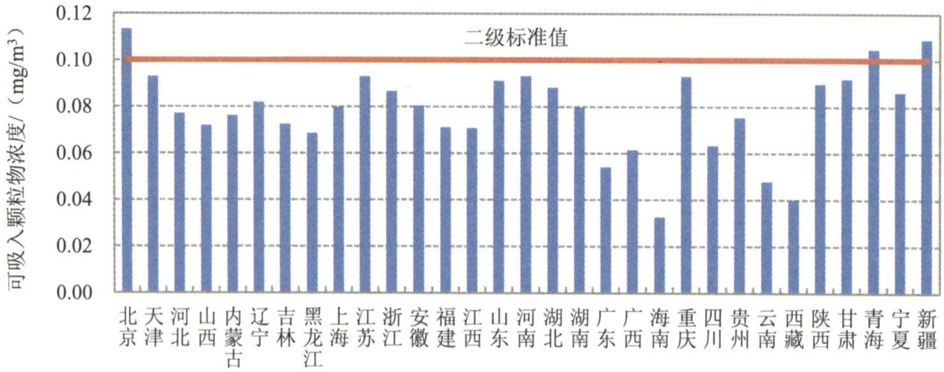

图 3-12　2011 年各省（自治区、直辖市）SO_2、NO_2 和 PM_{10} 浓度

3.2　环保重点城市

3.2.1　总体状况

2011 年，环保重点城市平均优良天数比例为 91.9%。其中，109 个城市优良天数比例高于（含等于）80%，占环保重点城市数的 96.5%；8 个城市全部优良，占 7.1%。

兰州、乌鲁木齐、延安、北京等 12 个城市污染天数超过 50 天，这些城市的污染天数占环保重点城市污染总天数的 24.6%。

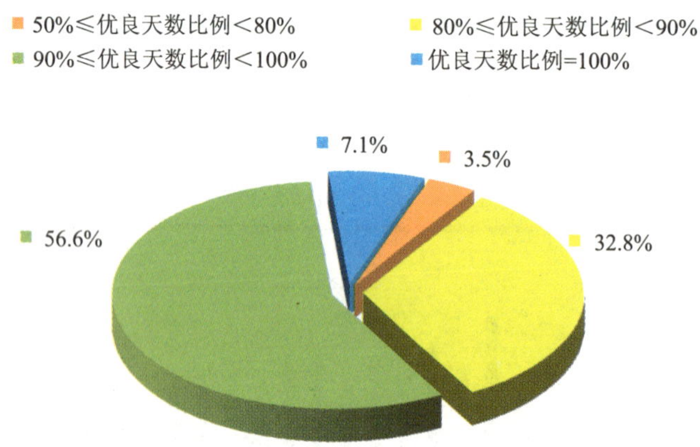

图 3-13　2011 年环保重点城市优良天数比例分布

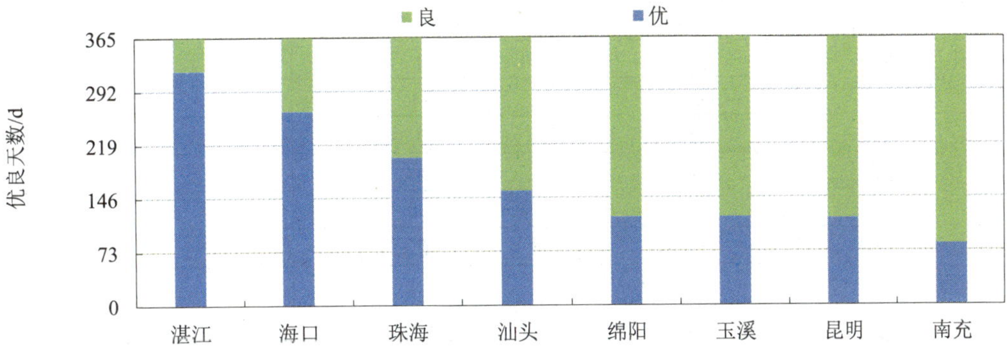

图 3-14　2011 年优良天数比例为 100%的环保重点城市

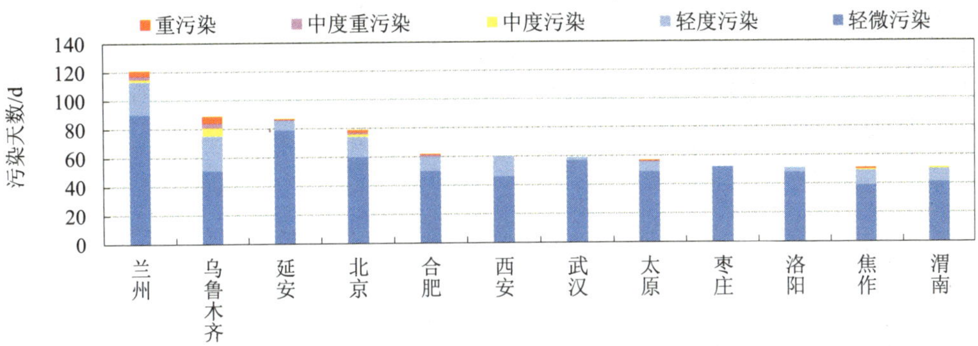

图 3-15　2011 年污染天数超过 50 天的环保重点城市

3.2.2　污染频度及首要污染物

2011 年，环保重点城市共出现空气污染 3325 天次。其中，轻微、轻度、中度、中度重和重污染各占 85.9%、11.0%、1.0%、0.7%和 1.4%。92.9%的城市出现过轻微污染（1～90 天次），66.4%的城市出现过轻度污染（1～24 天次），17.7%的城市出现过中度污染（1～6 天次），16.8%的城市出现过中度重污染（1～3 天次），25.7%的城市出现过重度污染（1～5 天次）。

表 3-7　2011 年环保重点城市首要污染物及污染频度一览表

污染等级	首要污染物	频度/天次	出现城市数/个
轻微污染	SO_2	193	35
	NO_2	8	5
	PM_{10}	2 654	104
轻度污染	SO_2	0	0
	NO_2	0	0
	PM_{10}	367	75

污染等级	首要污染物	频度/天次	出现城市数/个
中度污染	SO_2	0	0
	NO_2	0	0
	PM_{10}	34	20
中度重污染	SO_2	0	0
	NO_2	0	0
	PM_{10}	24	19
重污染	SO_2	0	0
	NO_2	0	0
	PM_{10}	45	29

环保重点城市中以 PM_{10} 为首要污染物的混合型污染仍较重，以 PM_{10} 为首要污染物的污染天数占全部污染天数的 94.0%，兰州、延安、北京、乌鲁木齐、合肥等城市的 PM_{10} 污染天数较多；以 SO_2 为首要污染物的煤烟型污染相对较轻，以 SO_2 为首要污染物的污染天数占 5.8%，仅石嘴山、乌鲁木齐、太原、攀枝花和沈阳以 SO_2 为首要污染物的天数超过 10 天次；以 NO_2 为首要污染物的污染天数占 0.2%，厦门、深圳、广州、杭州和泰安出现过以 NO_2 为首要污染物的轻微污染，污染天数为 1～2 天次。

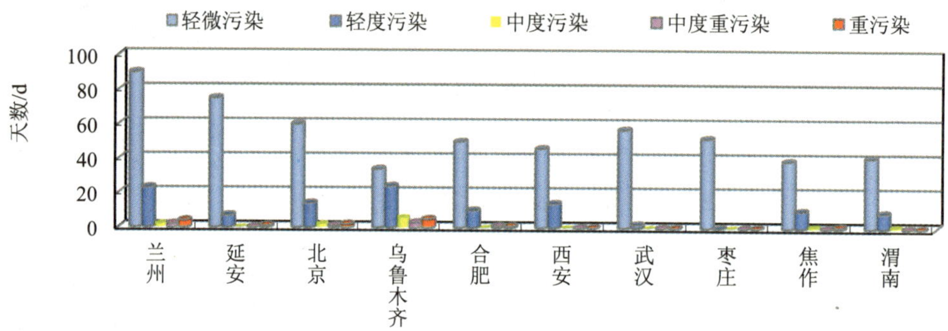

图 3-16　2011 年 PM_{10} 为首要污染物的污染出现超过 50 次的环保重点城市

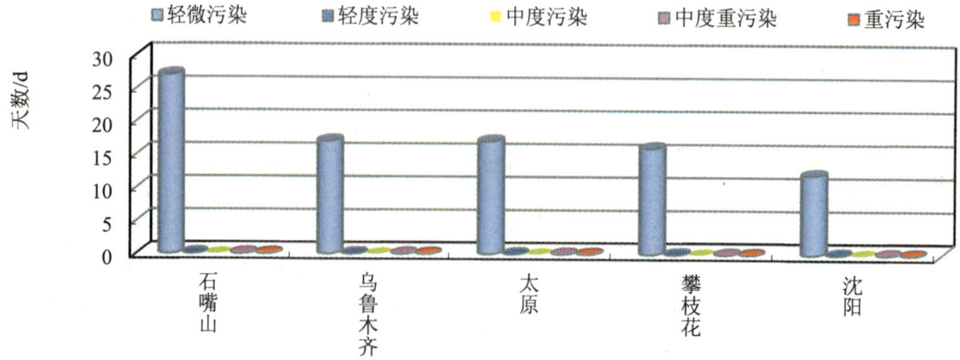

图 3-17　2011 年 SO_2 为首要污染物的污染出现超过 10 次的环保重点城市

3.2.3 变化情况

3.2.3.1 月际变化

2011 年，环保重点城市 1 月、2 月、11 月和 12 月污染天数最多，占 62.4%；7 月和 8 月最少，占 2.5%。

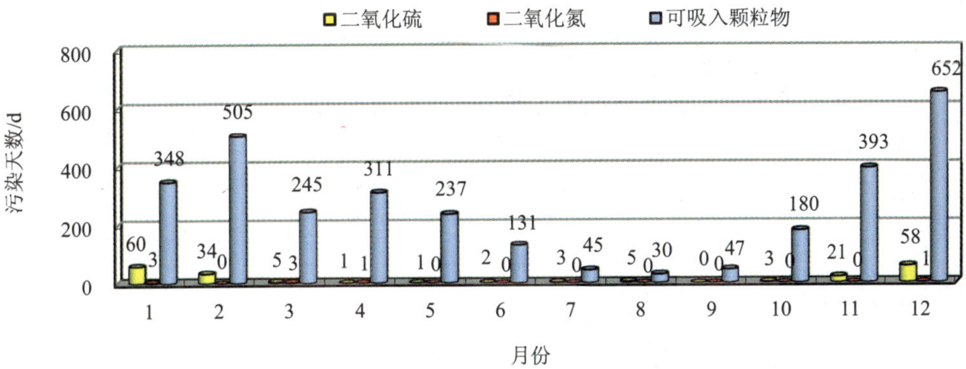

图 3-18 2011 年环保重点城市污染天数月分布情况

3.2.3.2 年际变化

与上年相比，优良天数比例提高的环保重点城市有 69 个，持平的 16 个，降低的 28 个。其中，湘潭、武汉、遵义、兰州、金昌和杭州优良天数比例提高超过 5 个百分点，日照、湖州和阳泉优良天数比例降低超过 3 个百分点。

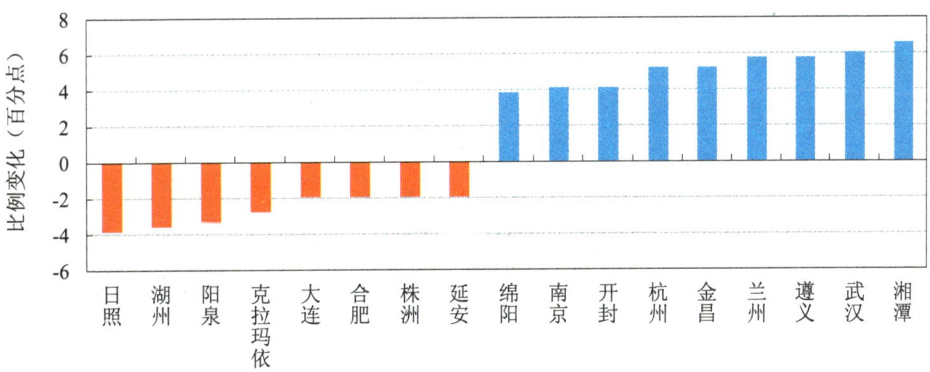

图 3-19 2011 年优良天数比例变化显著的环保重点城市

2004—2011 年，环保重点城市逐日日均值变化情况表明，SO_2 和 PM_{10} 浓度明显下降，NO_2 浓度基本持平。

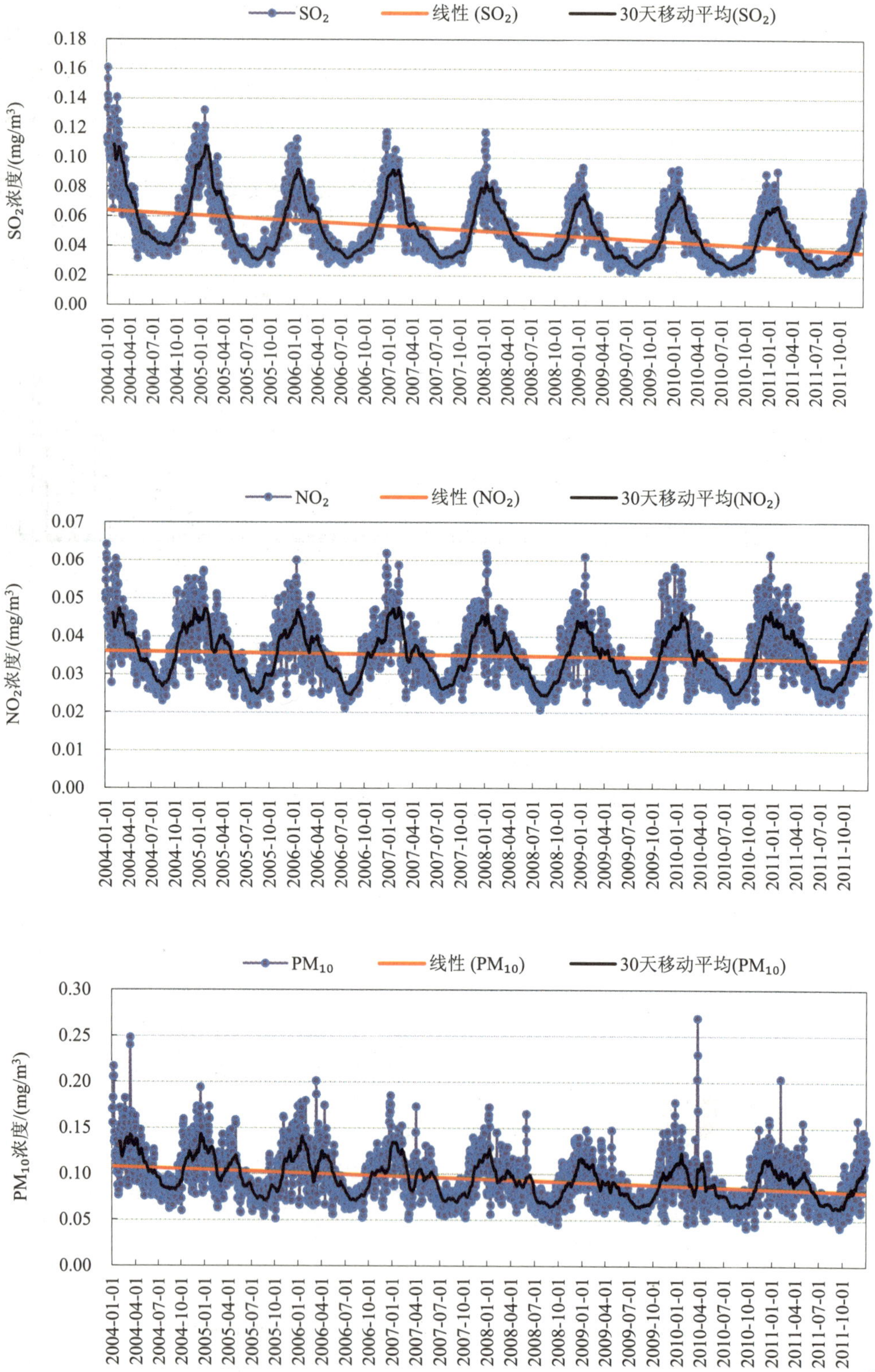

图 3-20　环保重点城市 SO_2、NO_2 和 PM_{10} 浓度逐年变化曲线

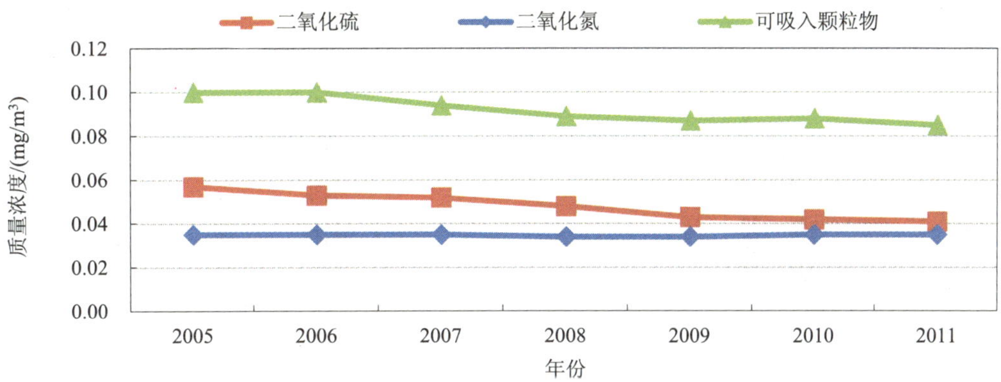

图 3-21　环保重点城市 SO_2、NO_2 和 PM_{10} 浓度年际变化

3.2.4　污染物日均值超标情况

2011 年，环保重点城市 SO_2 日均值超标天数占全年的比例（日均值超标率）为 0～18.6%，平均为 1.1%。52.2%的城市 SO_2 日均值超标率为 0，乌鲁木齐、太原、石嘴山、攀枝花、鞍山和沈阳 SO_2 日均值超标率大于 5%。

环保重点城市 NO_2 日均值超标率为 0～3.8%，平均为 0.2%。81.4%的城市 NO_2 日均值超标率为 0，乌鲁木齐和泰安 NO_2 日均值超标率大于 2%。

环保重点城市 PM_{10} 日均值超标率为 0～33.2%，平均为 7.6%。8.0%的城市 PM_{10} 日均值超标率为 0，兰州、延安、北京、乌鲁木齐、合肥、西安和武汉 PM_{10} 日均值超标率大于 15%。

3.3　沙尘天气影响环境空气质量状况

3.3.1　总体情况

2011 年，沙尘天气共 7 次 22 天，主要集中发生在上半年。沙尘天气影响环保重点城市环境空气质量累计超标 258 天次，造成空气质量重污染天数累计 22 天次，但均低于 2010 年。其中，2011 年 4 月 28 日—5 月 3 日的连续沙尘天气持续影响的时间最长，影响的重点城市最多，达 37 个。

表 3-8　环保重点城市空气质量累计超标和重污染天次年际变化

发生沙尘月份	2010 年		2011 年	
	超标天数	重污染天数	超标天数	重污染天数
3 月	309	64	88	2
4 月	108	10	73	9
5 月	4	0	97	11
合计	421	74	258	22

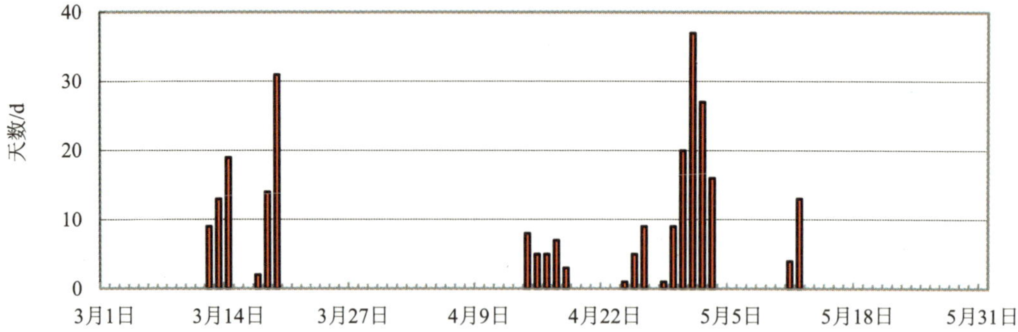

图 3-22　2011 年沙尘天气影响环保重点城市空气质量超标天数的时间分布

3.3.2　典型沙尘天气影响分析

2011 年 4 月 28 日—5 月 3 日，受冷空气影响，北方大部分地区出现年内最大范围沙尘天气过程。受其影响，西北、华北、华东等地城市出现空气质量超标现象，可吸入颗粒物小时浓度值明显上升，其中部分城市空气质量等级达到重污染。

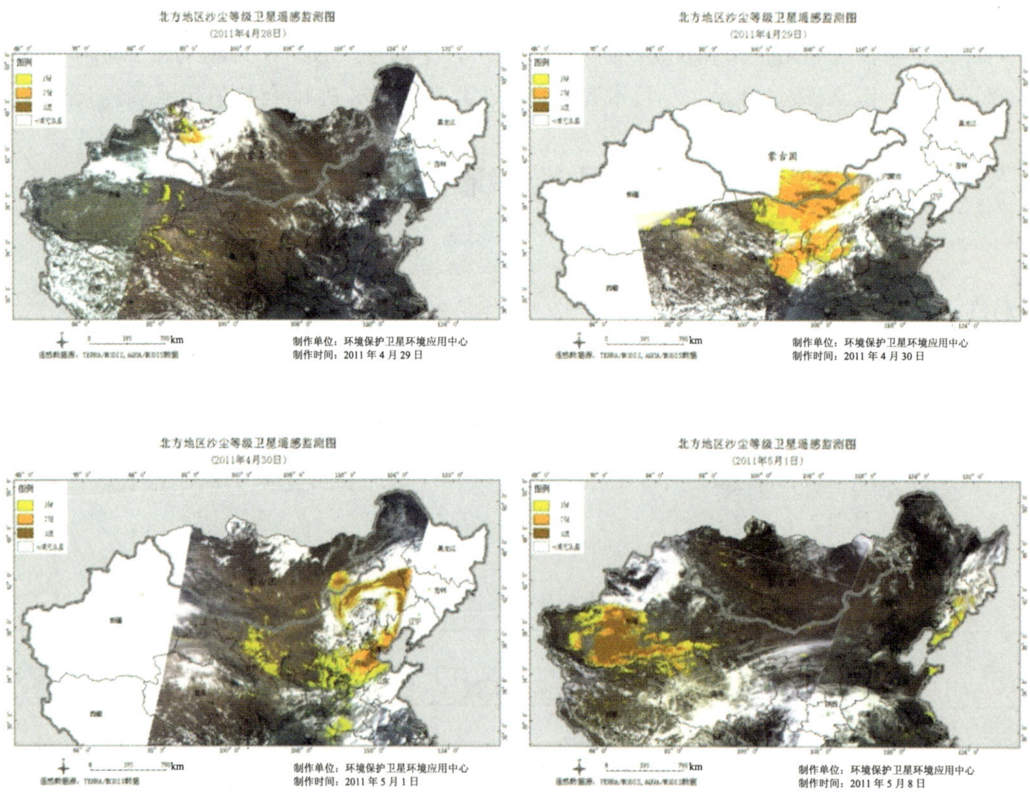

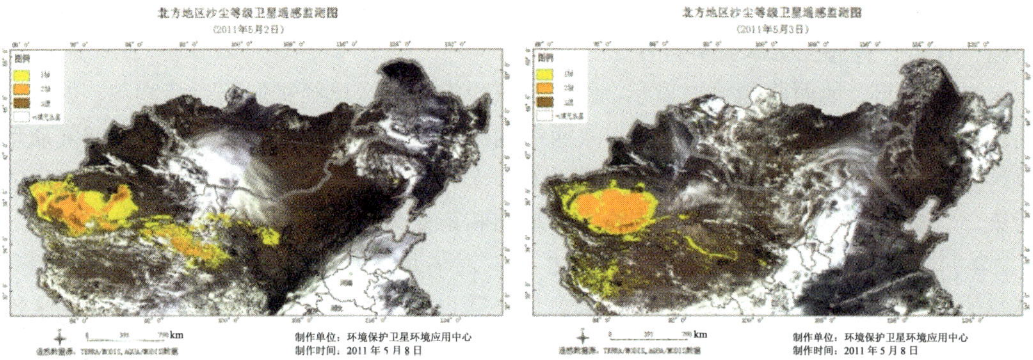

图 3-23　2011 年 4 月 28 日—5 月 3 日卫星遥感沙尘监测图

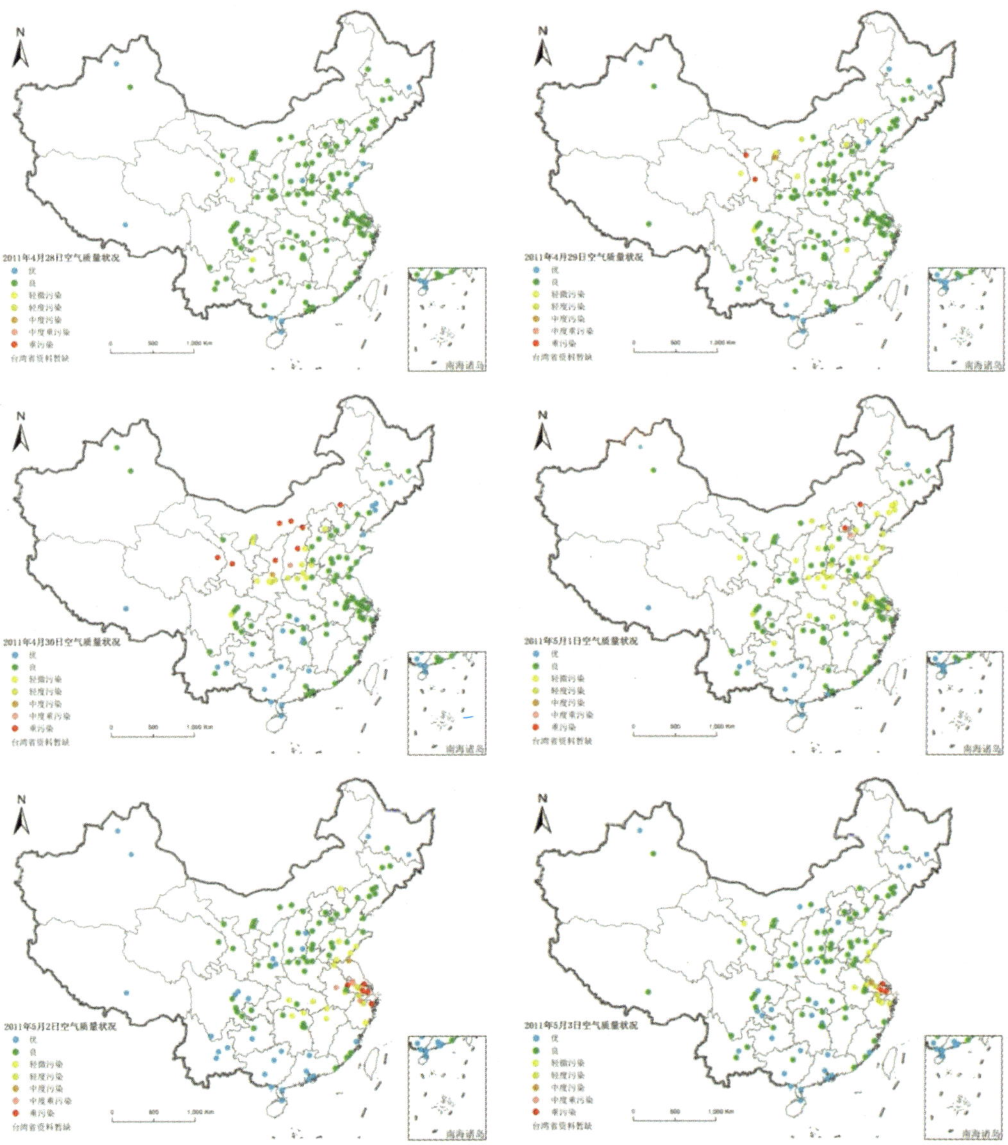

图 3-24　2011 年 4 月 28 日—5 月 3 日环保重点城市空气质量分布示意图

自4月28日晚起，西北部分地区开始出现沙尘天气过程，受沙尘影响的区域分布在新疆、甘肃、青海三省区交界地区。

4月29日，地面监测数据显示，沙尘天气影响的地区已经扩展到新疆南部、内蒙古中西部、甘肃中部、青海、宁夏北部和陕西中北部等地。受其影响，兰州和金昌空气质量为重污染（日报空气质量级别对应的时段为前一日午时至当日午时，以下同），银川为中度污染，包头为轻度污染，西宁、赤峰、石嘴山和延安为轻微污染。

4月30日，沙尘天气影响范围继续扩大，对华北、西北地区空气质量造成严重影响，影响的地区包括内蒙古中东部、甘肃东部、宁夏北部、陕西北部、山西北部和华北大部区域。受其影响，兰州、西宁、呼和浩特、大同、赤峰、太原、包头和延安空气质量为重污染，临汾为中度重污染，铜川为中度污染，西安、渭南和石嘴山为轻度污染，北京、银川、阳泉、长治、宝鸡和咸阳为轻微污染。

5月1日，受沙尘天气的滞后效应影响，北京和赤峰空气质量为重污染，天津为中度重污染，呼和浩特、连云港、青岛、烟台、徐州、威海等8个城市为轻度污染，石家庄、太原、济南、西宁、大同、鞍山、抚顺、淄博、潍坊、日照、唐山、遵义和延安为轻微污染。

5月2日，沙尘天气影响范围继续东移，华东地区受到大范围影响，长三角地区出现不同程度的空气污染。上海、南京、苏州、南通和宁波空气质量为重污染，扬州、镇江、杭州和合肥为中度重污染，连云港为中度污染，无锡、常州、湖州和绍兴为轻度污染，赤峰、徐州、温州、芜湖、南昌、九江、青岛、淄博、枣庄、日照、武汉、宜昌、岳阳和常德为轻微污染。

5月3日，沙尘天气影响开始减弱，对环境空气质量的影响减轻。上海、苏州和南通空气质量为重污染，常州、扬州、杭州、宁波、湖州和青岛为中度污染，南京、连云港、绍兴、合肥、日照和金昌为轻微污染。

此次沙尘天气导致酒泉、嘉峪关、金昌、中卫、四王子旗、苏尼特左旗等部分城市瞬时可吸入颗粒物小时浓度超过国家日均值二级标准（0.15毫克/米^3）60倍以上。其中，嘉峪关可吸入颗粒物小时值最高达到了18毫克/米^3，超过国家日均值二级标准120倍。北京受沙尘天气过境影响主要时段（4月30日午时—5月1日午时）的可吸入颗粒物日均浓度超过0.6毫克/米^3，为日均值二级标准的4倍。

截至5月3日下午，沙尘天气对华北、西北、华东地区的影响基本结束，上述地区的空气质量逐步好转。

4

酸雨状况

4.1 降水酸度

2011 年，全国 468 个城市（县、区）（以下简称城市）降水 pH 年均值为 5.07。其中，酸雨控制区 191 个城市降水 pH 年均值为 4.89，二氧化硫控制区 64 个城市降水 pH 年均值为 6.11；南方地区 296 个城市降水 pH 年均值为 4.97，北方地区 172 个城市降水 pH 年均值为 6.10。与上年相比，全国、两控区及南北方地区降水酸度均总体保持稳定。

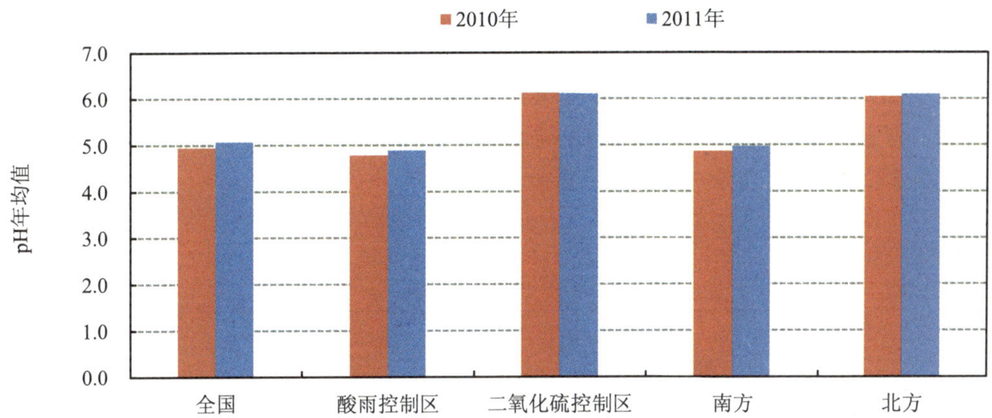

图 4-1 降水 pH 年均值年际变化

> 采用降水 pH 值低于 5.6 作为酸雨判据，pH 值低于 5.0 为较重酸雨，低于 4.5 为重酸雨。酸雨城市指降水 pH 年均值低于 5.6 的城市，酸雨区指降水 pH 年均值低于 5.6 的区域。

4.2 酸雨城市比例

4.2.1 全国酸雨城市比例

2011 年，468 个城市降水 pH 年均值为 3.8（汕头澄海区）～8.3（新疆阿克苏）。酸雨城市 149 个，占全部城市数的 31.8%；较重酸雨城市 90 个，占 19.2%；重酸雨城市 30 个，占 6.4%。与上年相比，全国酸雨城市、较重酸雨城市和重酸雨城市比例分别降低 3.8 个百分点、2.4 个百分点和 2.1 个百分点。

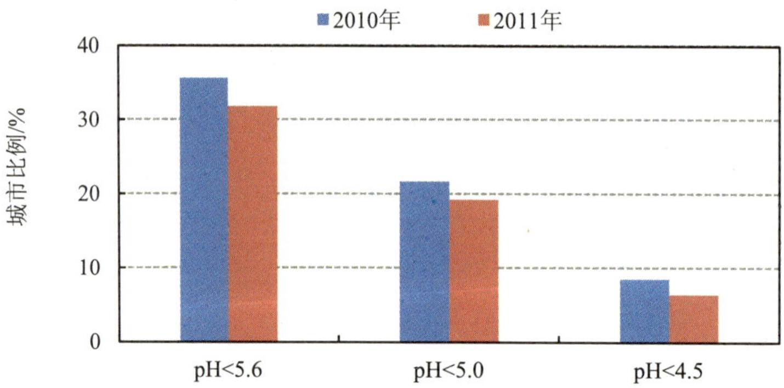

图 4-2　不同降水 pH 年均值的城市比例年际变化

4.2.2　两控区酸雨城市比例

酸雨控制区内，降水 pH 年均值为 3.8（汕头澄海区）～7.6（江苏高邮）。酸雨城市 118 个，占酸雨控制区城市数的 61.8%；较重酸雨城市 72 个，占 37.7%；重酸雨城市 24 个，占 12.6%。与上年相比，酸雨控制区内酸雨城市、较重酸雨城市和重酸雨城市比例分别降低 4.6 个百分点、5.0 个百分点和 5.5 个百分点。

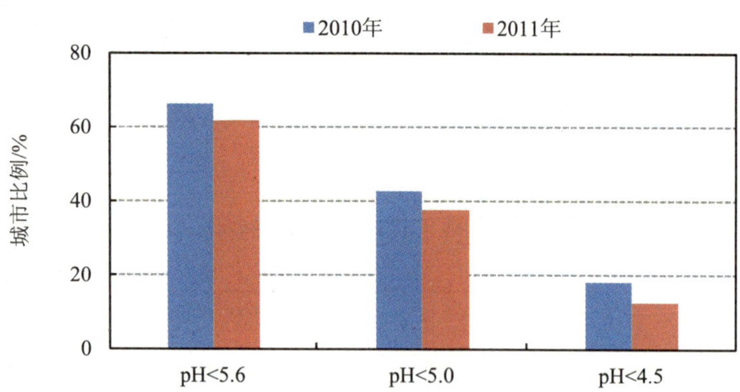

图 4-3　酸雨控制区内不同降水 pH 年均值的城市比例年际变化

二氧化硫控制区内，降水 pH 年均值为 5.0（辽宁大连）～7.6（辽宁锦州）。酸雨城市 2 个，占二氧化硫控制区城市数的 3.2%；较重酸雨城市 1 个，占 1.6%。与上年相比，二氧化硫控制区内酸雨城市和较重酸雨城市比例分别降低 3.2 个百分点和 1.6 个百分点。

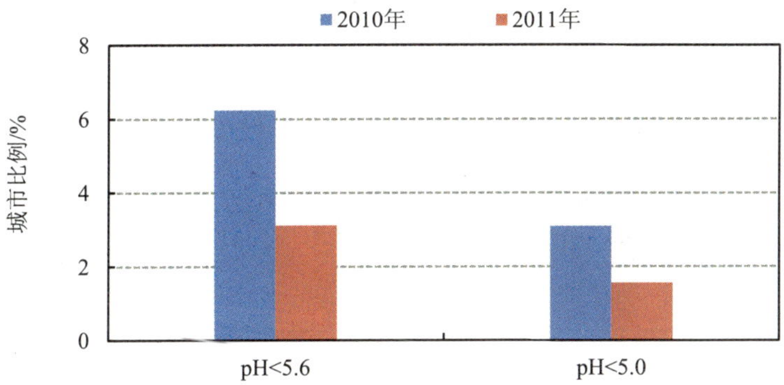

图 4-4 二氧化硫控制区内不同降水 pH 年均值的城市比例年际变化

表 4-1 2011 年全国降水 pH 年均值统计表

范围		pH 年均值				
		<4.5	4.5～5.0	5.0～5.6	5.6～7.0	≥7.0
全国	城市数/个	30	60	59	236	83
	所占比例/%	6.4	12.8	12.6	50.4	17.8
酸雨控制区	城市数/个	24	48	46	66	7
	所占比例/%	12.6	25.1	24.1	34.5	3.7
二氧化硫控制区	城市数/个	0	1	1	48	14
	所占比例/%	0.0	1.6	1.6	75.0	21.8

4.3 酸雨频率

4.3.1 全国酸雨频率

2011 年，468 个参加统计的城市中，227 个城市出现至少 1 次酸雨，占全部城市数的 48.5%；酸雨频率在 25%以上的城市 140 个，占 29.9%；酸雨频率在 75%以上的城市 44 个，占 9.4%。与上年相比，全国酸雨频率在 25%以上、50%以上和 75%以上的城市比例分别降低 2.5 个百分点、2.7 个百分点和 1.5 个百分点。

表 4-2 2011 年全国酸雨发生频率分段统计表

范围		酸雨频率				
		0	0～25%	25%～50%	50%～75%	≥75%
全国	城市数/个	241	87	55	41	44
	所占比例/%	51.5	18.6	11.7	8.8	9.4
酸雨控制区	城市数/个	34	47	42	33	35
	所占比例/%	17.8	24.6	22.0	17.3	18.3
二氧化硫控制区	城市数/个	51	12	1	0	0
	所占比例/%	79.7	18.7	1.6	0.0	0.0

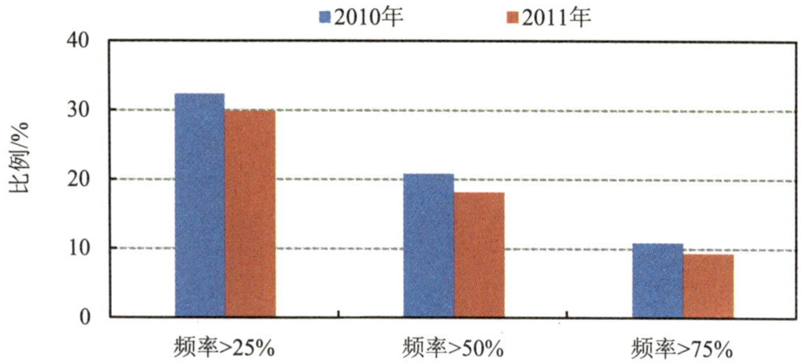

图 4-5　不同酸雨发生频率的城市比例年际变化

4.3.2　两控区酸雨频率

酸雨控制区内 191 个参加统计的城市中，157 个城市出现至少 1 次酸雨，占全部城市数的 82.2%；酸雨频率在 25%以上的城市 110 个，占 57.6%；酸雨频率在 75%以上的城市 35 个，占 18.3%。与上年相比，酸雨控制区内酸雨频率在 25%以上、50%以上和 75%以上的城市比例分别降低 5.7 个百分点、4.6 个百分点和 2.8 个百分点。

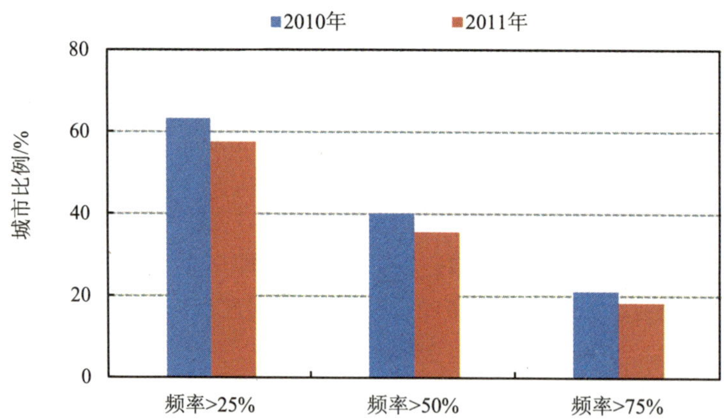

图 4-6　酸雨控制区内不同酸雨发生频率的城市比例年际变化

二氧化硫控制区内 64 个参加统计的城市中，13 个城市出现至少 1 次酸雨，占全部城市数的 20.3%；酸雨频率在 10%以上的城市 4 个，占 6.3%；未出现酸雨频率超过 50%的城市。与上年相比，二氧化硫控制区内出现酸雨及酸雨频率在 10%以上、25%以上的城市比例均基本保持稳定。

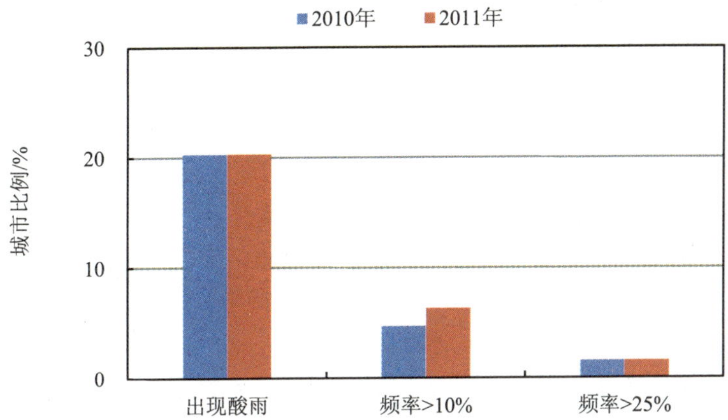

图 4-7　二氧化硫控制区内不同酸雨发生频率的城市比例年际变化

4.4　降水化学组成

4.4.1　全国降水化学组成

2011 年，全国 339 个城市的降水化学组成监测结果表明，降水中的主要阳离子为钙和铵，分别占离子总当量的 25.1%和 12.6%；降水中的主要阴离子为硫酸根，占离子总当量的 28.1%；硝酸根占离子总当量的 7.4%。与上年相比，离子当量浓度比保持稳定。

降水中 SO_4^{2-}和 NO_3^-的当量浓度比为 3.8，硫酸盐为我国降水中的主要致酸物质。

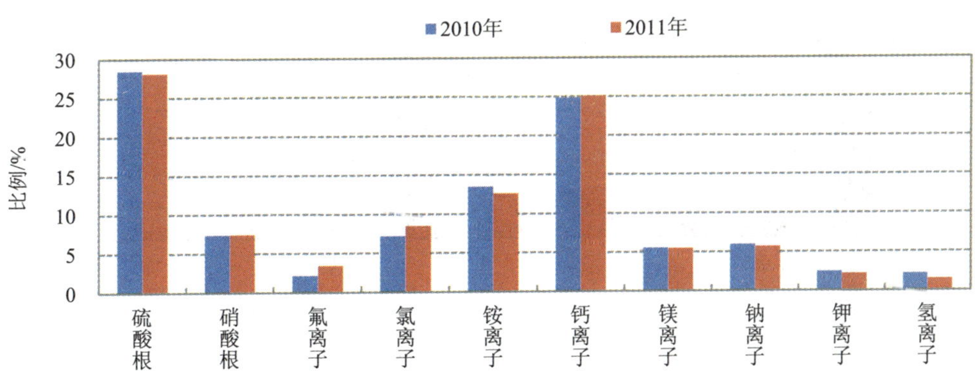

图 4-8　降水中主要离子当量浓度比年际变化

4.4.2 两控区降水化学组成

酸雨控制区内 157 个城市的降水化学组成监测结果表明，酸雨控制区内降水中硫酸根和硝酸根占离子总当量的比例分别为 28.6%和 8.1%，均高于全国平均水平；钙离子占 22.7%，低于全国平均水平；铵离子占 13.7%，高于全国平均水平。

二氧化硫控制区内 51 个城市的降水化学组成监测结果表明，硫酸根与硝酸根占离子总当量的比例分别为 28.2%和 7.5%，与全国平均水平持平；钙离子占 28.4%，高于全国平均水平；铵离子占 12.7%，与全国平均水平持平。

与上年相比，酸雨控制区和二氧化硫控制区内离子当量浓度比均保持稳定。

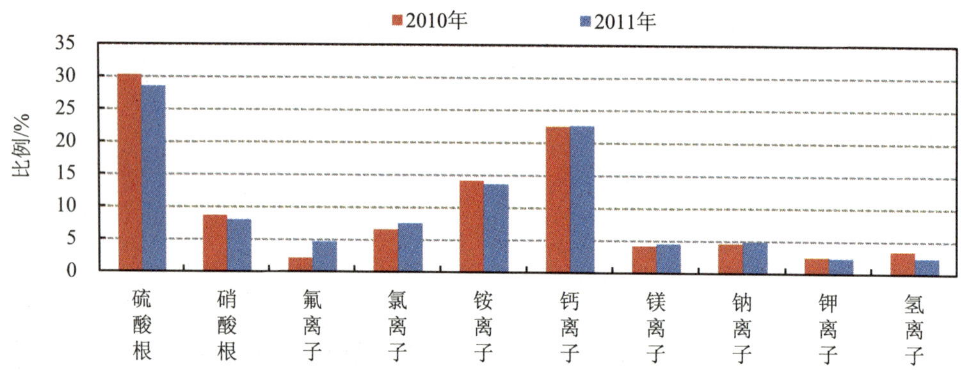

图 4-9　酸雨控制区降水中主要离子当量浓度比年际变化

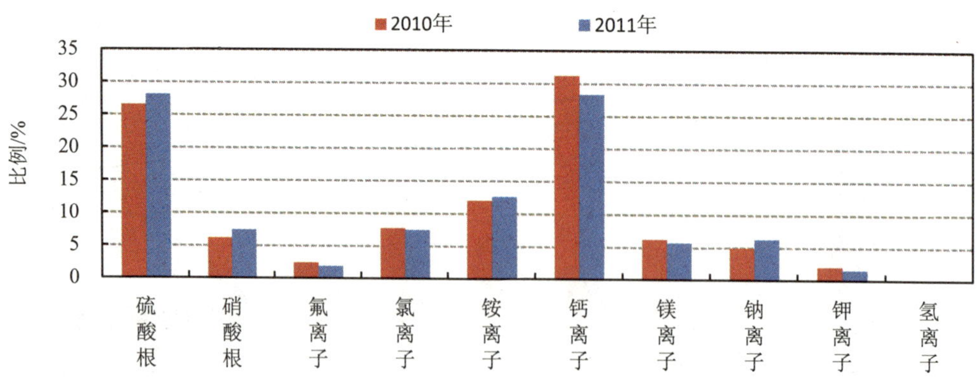

图 4-10　二氧化硫控制区降水中主要离子当量浓度比年际变化

4.5 酸雨区域分布

2011 年，全国酸雨分布区域主要集中在长江沿线及以南-青藏高原以东地区。主要包括浙江、江西、福建、湖南、重庆的大部分地区，以及长江三角洲、珠江三角洲、湖北西部、四川东南部、广西北部地区。与上年相比，全国酸雨分布区域保持稳定。

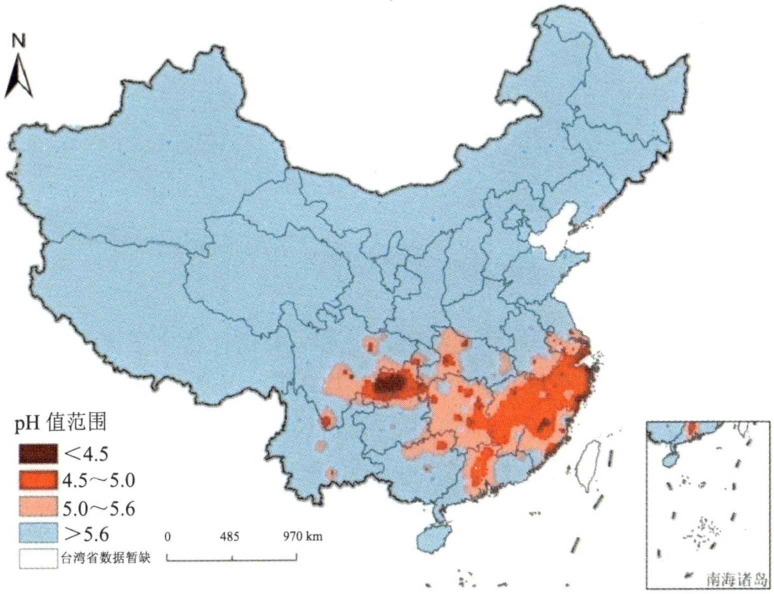

图 4-11　2011 年全国降水 pH 年均值等值线图

2011 年，全国酸雨区面积约 120 万千米 ^{2}，占国土面积的比例约为 12.9%；较重酸雨区面积比例为 4.9%；重酸雨区面积比例为 0.5%。与上年相比，较重酸雨区面积比例降低 1.4 个百分点，酸雨区面积和重酸雨区面积基本保持稳定。

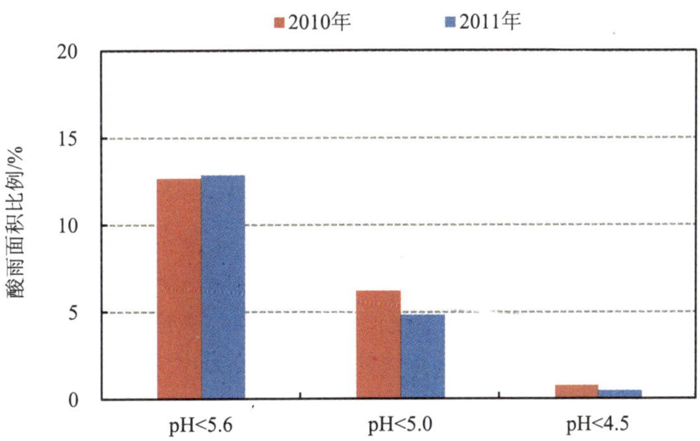

图 4-12　全国酸雨面积占国土面积比例年际变化

5

地表水水质

5.1 全国地表水水质

2011 年，全国地表水总体为轻度污染，主要污染指标为化学需氧量、总磷和五日生化需氧量。监测的 727 个国控断面中，Ⅰ～Ⅲ类、Ⅳ～Ⅴ类和劣Ⅴ类水质断面比例分别为 49.7%、37.7%和 12.6%。与上年相比，水质无明显变化。全国地表水国控断面高锰酸盐指数年均浓度平均值为 4.7 毫克/升，比上年下降 0.2 毫克/升；氨氮年均浓度平均值为 1.17 毫克/升，比上年下降 0.21 毫克/升。总氮和粪大肠菌群断面超标率分别为 76.2%和 24.9%，比上年分别降低 5.1 个百分点和 3.0 个百分点。

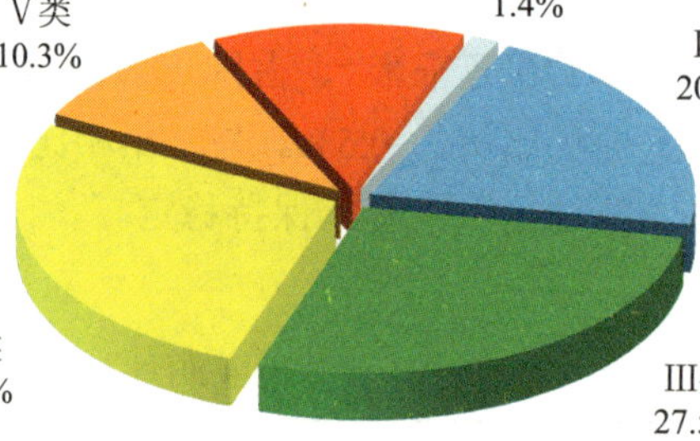

图 5-1　2011 年全国地表水水质类别比例

地表水水质评价标准为《地表水环境质量标准》（GB 3838—2002）。评价指标为 pH 值、溶解氧、高锰酸盐指数、化学需氧量、五日生化需氧量、氨氮、总磷、铜、锌、氟化物、硒、砷、汞、镉、铬（六价）、铅、氰化物、挥发酚、石油类、阴离子表面活性剂和硫化物共 21 项，总氮和粪大肠菌群作为参考指标单独评价（河流总氮除外）。2010 年及以前的报告中河流水质评价指标为 pH、溶解氧、高锰酸盐指数、五日生化需氧量、氨氮、石油类、挥发酚、汞和铅共 9 项，湖库水质评价指标为河流评价指标和总磷、总氮共 11 项。本报告中涉及的 2010 年数据已做相应调整。

水质类别评价采用单因子评价法，即根据参评的指标中类别最高的一项来确定。

断面超标率和超标倍数计算采用《地表水环境质量标准》（GB 3838—2002）中的Ⅲ类水质标准。

水质超过Ⅲ类标准的指标按其断面超标率大小排列，取断面超标率最大的前三项为主要污染指标；当断面超标率相同时，按照超标倍数大小排列。因高锰酸盐指数和化学需氧量属不同分析方法测得的同一指标，故当二者同为主要污染指标时，只取其中断面超标率高的一项，另一项由第四位指标补充。

《地表水环境质量标准》（GB 3838—2002）基本项目标准限值 单位：mg/L

分类	Ⅰ类	Ⅱ类	Ⅲ类	Ⅳ类	Ⅴ类
pH 值	6～9				
溶解氧≥	饱和率 90%（或 7.5）	6	5	3	2
高锰酸盐指数≤	2	4	6	10	15
化学需氧量≤	15	15	20	30	40
五日生化需氧量≤	3	3	4	6	10
氨氮≤	0.15	0.5	1.0	1.5	2.0
总磷（以 P 计）≤	0.02（湖、库 0.01）	0.1（湖、库 0.025）	0.2（湖、库 0.05）	0.3（湖、库 0.1）	0.4（湖、库 0.2）
总氮（湖、库以 N 计）≤	0.2	0.5	1.0	1.5	2.0
铜≤	0.01	1.0	1.0	1.0	1.0
锌≤	0.05	1.0	1.0	2.0	2.0
氟化物（以 F^- 计）≤	1.0	1.0	1.0	1.5	1.5
硒≤	0.01	0.01	0.01	0.02	0.02
砷≤	0.05	0.05	0.05	0.1	0.1
汞≤	0.000 05	0.000 05	0.000 1	0.001	0.001
镉≤	0.001	0.005	0.005	0.005	0.01
铬（六价）≤	0.01	0.05	0.05	0.05	0.1
铅≤	0.01	0.01	0.05	0.05	0.1
氰化物≤	0.005	0.05	0.2	0.2	0.2
挥发酚≤	0.002	0.002	0.005	0.01	0.1
石油类≤	0.05	0.05	0.05	0.5	1.0
阴离子表面活性剂≤	0.2	0.2	0.2	0.3	0.3
硫化物≤	0.05	0.1	0.2	0.5	1.0
粪大肠菌群/（个/L）≤	200	2 000	10 000	20 000	40 000

河流、水系水质定性评价

水质类别比例	水质状况
Ⅰ～Ⅲ类水质比例≥90%	优
75%≤Ⅰ～Ⅲ类水质比例＜90%	良好
Ⅰ～Ⅲ类水质比例＜75%，且劣Ⅴ类比例＜20%	轻度污染
Ⅰ～Ⅲ类水质比例＜75%，且 20%≤劣Ⅴ类比例＜40%	中度污染
Ⅰ～Ⅲ类水质比例＜60%，且劣Ⅴ类比例≥40%	重度污染

注：未尽事宜见环境保护部办公厅文件《关于印发〈地表水环境质量评价办法（试行）〉的通知》（环办[2011]22号）。

5.2 江河水系水质

2011 年，十大水系总体为轻度污染，主要污染指标为化学需氧量、五日生化需氧量和总磷。监测的 469 个国控断面中，Ⅰ类水质断面占 1.7%，Ⅱ类占 28.4%，Ⅲ类占 30.9%，Ⅳ类占 18.1%，Ⅴ类占 7.2%，劣Ⅴ类占 13.7%。与上年相比，水质无明显变化。

其中，西北诸河和西南诸河水质为优，长江、珠江和浙闽片河流水质良好，黄河、松花江、淮河和辽河为轻度污染，海河为中度污染。

表 5-1　2011 年十大水系水质类别比较

名称	Ⅰ～Ⅲ类/%	Ⅳ、Ⅴ类/%	劣Ⅴ类/%	定性评价
长江	80.9	13.8	5.3	良好
黄河	69.8	11.6	18.6	轻度污染
珠江	84.8	12.2	3.0	良好
松花江	45.2	40.5	14.3	轻度污染
淮河	41.9	43.0	15.1	轻度污染
海河	31.7	30.2	38.1	中度污染
辽河	40.5	48.7	10.8	轻度污染
浙闽片河流	80.6	12.9	6.5	良好
西北诸河	91.4	4.3	4.3	优
西南诸河	94.1	5.9	0	优
总体	61.0	25.3	13.7	轻度污染

5.2.1 长江水系

5.2.1.1 水质状况

（1）干流水质

2011 年，长江干流水质为优。监测的 32 个国控断面中，Ⅰ类水质断面占 3.1%，Ⅱ类占 34.4%，Ⅲ类占 59.4%，Ⅳ类占 3.1%。与上年相比，水质无明显变化。其中，三峡库区水质良好，监测的 4 个国控断面均为Ⅲ类水质。

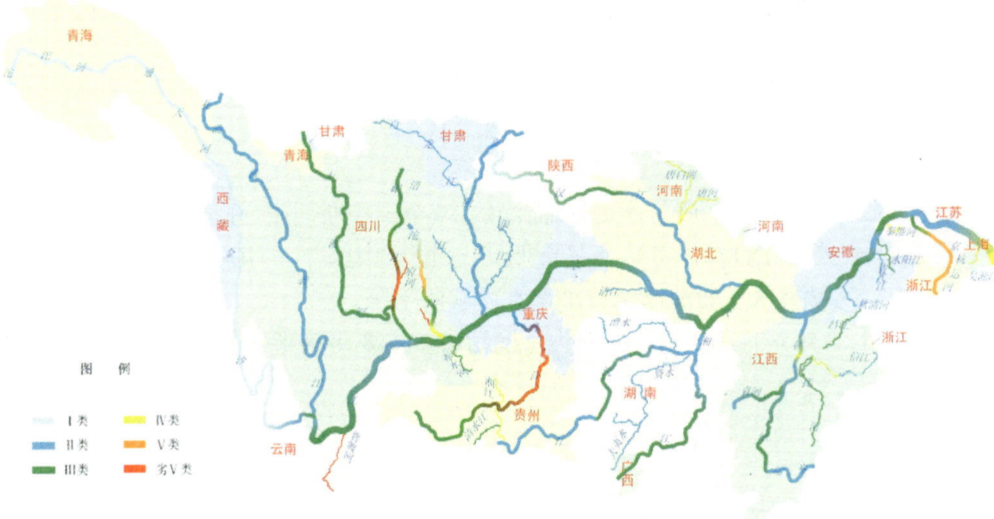

图 5-2 2011 年长江水系水质分布示意图

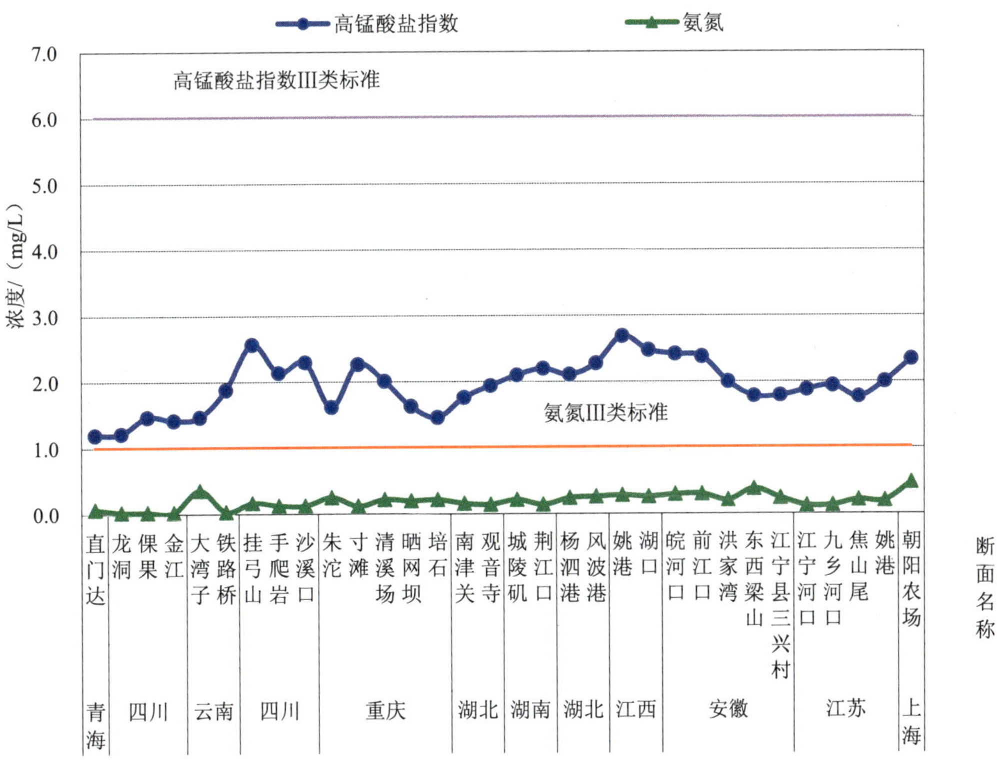

图 5-3 长江干流高锰酸盐指数和氨氮年均浓度沿程变化

（2）支流水质

2011 年，长江支流总体为轻度污染，主要污染指标为总磷、氨氮和五日生化需氧量。

监测的 62 个国控断面中，Ⅰ类水质断面占 3.3%，Ⅱ类占 40.3%，Ⅲ类占 29.0%，Ⅳ类占 14.5%，Ⅴ类占 4.8%，劣Ⅴ类占 8.1%。与上年相比，水质无明显变化。

长江十大支流中，雅砻江、汉江和嘉陵江水质为优，大渡河、沅江、湘江和赣江水质良好，岷江和沱江为轻度污染，乌江为重度污染。

（3）省界断面水质

2011 年，长江省界断面水质总体良好。监测的 19 个国控断面中，Ⅱ类水质断面占 42.1%，Ⅲ类占 36.8%，Ⅳ类占 15.8%，劣Ⅴ类占 5.3%。与上年相比，Ⅰ～Ⅲ类水质断面比例降低 11.1 个百分点，劣Ⅴ类水质断面比例持平，水质有所下降。

贵州铜仁黔-渝交界的乌江沿河断面为重度污染，主要污染指标为总磷。

5.2.1.2 水质变化

（1）月际变化

2011 年，长江水系 1～12 月水质均为良好。Ⅰ～Ⅲ类水质断面比例在 80.0%左右波动，劣Ⅴ类水质断面比例均低于 10.0%。

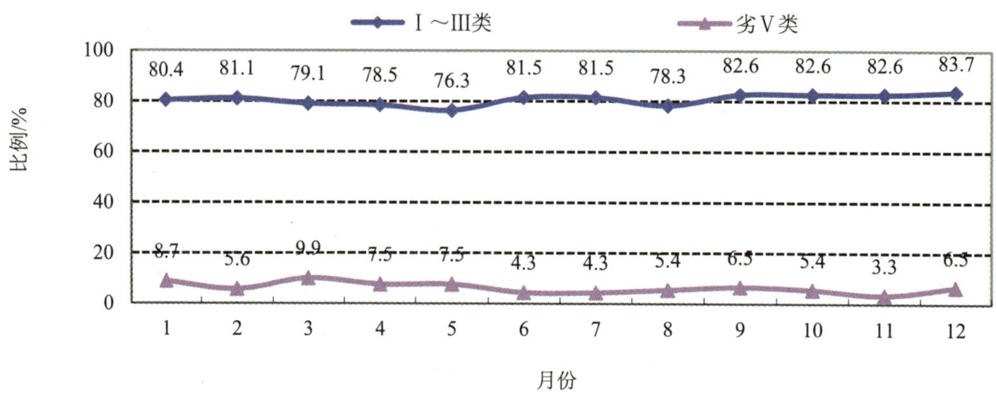

图 5-4 2011 年长江水系水质类别月际变化

（2）年际变化

与上年相比，长江水系岷江眉山彭山岷江大桥断面水质明显下降，10 个断面水质有所下降，76 个断面水质持平，6 个断面水质有所好转。

表 5-2 2011 年长江水系水质变化国控断面汇总

地区名称	河流名称	断面名称	2011 年水质	2010 年水质	变化趋势
荆州	长江	观音寺	Ⅱ	Ⅲ	有所好转
南京	长江	江宁河口	Ⅲ	Ⅱ	有所下降
南京	长江	九乡河口	Ⅲ	Ⅱ	有所下降
眉山	岷江	彭山岷江大桥	劣Ⅴ	Ⅳ	明显下降
简阳	沱江	宏缘	Ⅴ	Ⅳ	有所下降
十堰	汉江	羊尾	Ⅲ	Ⅱ	有所下降
岳阳	洞庭湖	岳阳楼	Ⅲ	Ⅱ	有所下降

地区名称	河流名称	断面名称	2011 年水质	2010 年水质	变化趋势
衡阳	湘江	熬洲	III	IV	有所好转
株洲	湘江	霞湾	II	III	有所好转
沅陵	沅江	五强溪	III	II	有所下降
南昌	抚河	塔城	III	II	有所下降
鹰潭	信江	梅港	II	III	有所好转
南阳	唐河	梅湾	IV	III	有所下降
南阳	白河	新甸铺	IV	III	有所下降
常州	京杭大运河	横洛间	V	IV	有所下降
苏州	京杭大运河	轻化仓库	V	劣V	有所好转
上海	黄浦江	吴淞口	IV	V	有所好转

5.2.1.3 主要污染指标

2011 年，长江水系监测的 94 个国控断面中，主要污染指标为总磷、氨氮和五日生化需氧量，断面超标率分别为 14.0%、11.7%和 7.4%。螳螂川富民大桥断面、釜溪河碳研所断面、滁河汉河断面和京杭运河横洛间断面超标较严重。

表 5-3 2011 年长江水系超标指标情况汇总

监测项目	统计断面数/个	年均值断面超标率/%	年均值范围/（mg/L）	年均值超标最高断面及超标倍数	
				断面名称	超标倍数
高锰酸盐指数	94	3.2	0.3～8.0	螳螂川昆明富民大桥	0.3
五日生化需氧量	94	7.4	0.4～15.2	釜溪河自贡碳研所	2.8
氨氮	94	11.7	0.01～11.07	釜溪河自贡碳研所	10.1
石油类	94	3.2	0.005 ～0.145	滁河滁州汉河	1.9
挥发酚	94	2.1	0.000 1～0.007 9	京杭运河常州横洛间	0.6
汞	94	1.1	0.000 001～0.001 16	螳螂川昆明富民大桥	10.6
化学需氧量	94	4.2	4.5～59.8	螳螂川昆明富民大桥	2.0
总磷	93	14.0	0.005 ～1.99	螳螂川昆明富民大桥	9.0
氟化物	93	2.2	0.055 ～8.39	螳螂川昆明富民大桥	7.4
阴离子表面活性剂	93	2.2	0.01～0.4	釜溪河自贡碳研所	1.0

5.2.2 黄河水系

5.2.2.1 水质状况

（1）干流水质

2011 年，黄河干流水质为优。监测的 21 个国控断面均为 I ～III类水质，其中，I 类水质断面占 4.8%，II 类占 33.3%，III类占 61.9%。与上年相比，水质无明显变化。

图 5-5 2011 年黄河水系水质分布示意图

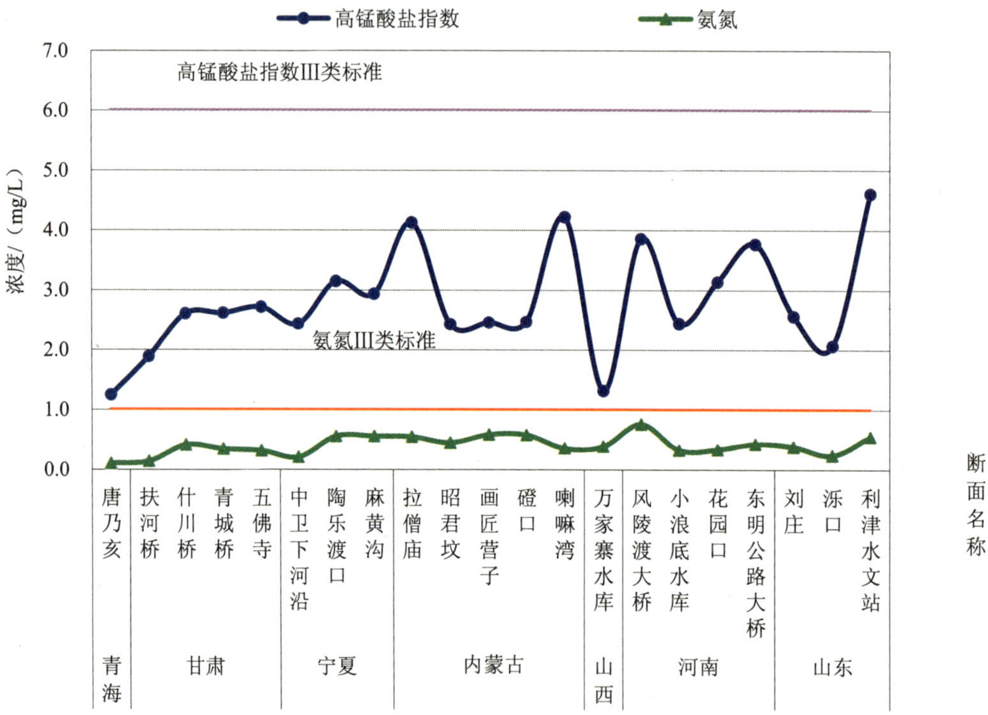

图 5-6 黄河干流高锰酸盐指数和氨氮年均浓度沿程变化

（2）支流水质

2011 年，黄河支流总体为中度污染，主要污染指标为氨氮、化学需氧量和石油类。监测的 22 个国控断面中，II 类水质断面占 9.1%，III类占 31.8%，IV类占 9.1，V 类占 13.6%，劣 V 类占 36.4%。与上年相比，水质无明显变化。

（3）省界断面水质

2011 年，黄河省界断面总体为中度污染，主要污染指标为总磷、氨氮和高锰酸盐指数。

监测的 11 个国控断面中，Ⅱ类水质断面占 9.1%，Ⅲ类占 54.5%，Ⅴ类占 9.1%，劣Ⅴ类占 27.3%。与上年相比，水质无明显变化。

5.2.2.2 水质变化

（1）月际变化

2011 年，黄河水系 1—4 月和 6—7 月均为中度污染，其余月份均为轻度污染。

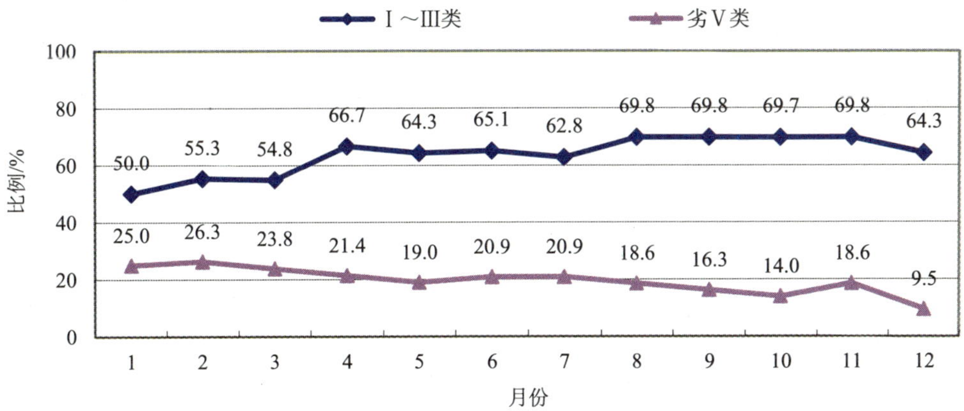

图 5-7 2011 年黄河水系水质类别月际变化

（2）年际变化

与上年相比，黄河水系有 3 个断面水质有所下降，34 个断面水质持平，6 个断面水质有所好转。

表 5-4 2011 年黄河水系水质变化国控断面汇总

地区名称	河流名称	断面名称	2011 年水质	2010 年水质	变化趋势
中卫	黄河	中卫下河沿	Ⅲ	Ⅱ	有所下降
包头	黄河	画匠营子	Ⅲ	Ⅱ	有所下降
忻州	黄河	万家寨水库	Ⅱ	Ⅲ	有所好转
三门峡	黄河	风陵渡大桥	Ⅲ	Ⅳ	有所好转
西宁	湟水	小峡桥	Ⅴ	劣Ⅴ	有所好转
渭南	北洛河	王谦村	Ⅳ	Ⅴ	有所好转
晋城	沁河	拴驴泉	Ⅲ	Ⅱ	有所下降
济源	沁河	五龙口	Ⅱ	Ⅲ	有所好转
郑州	伊洛河	七里铺	Ⅲ	Ⅳ	有所好转

5.2.2.3 主要污染指标

2011 年，黄河水系监测的 43 个国控断面中，主要污染指标为氨氮、化学需氧量和石油类，断面超标率分别为 30.2%、27.9%和 25.6%。涑水河张留庄断面、汾河小店桥断面和汾河河津大桥断面超标较严重。

表 5-5　2011 年黄河水系超标指标情况汇总

监测项目	统计断面数/个	年均值断面超标率/%	年均值范围/（mg/L）	年均值超标最高断面及超标倍数	
				断面名称	超标倍数
高锰酸盐指数	43	23.3	1.24～21.2	涑水河运城张留庄	2.5
五日生化需氧量	43	25.6	0.7～48.1	汾河太原小店桥	11.0
氨氮	43	30.2	0.097 ～25.9	涑水河运城张留庄	24.9
石油类	43	25.6	0.003 ～1.51	汾河太原小店桥	29.1
挥发酚	43	20.9	0.000 1～0.075 3	汾河运城河津大桥	14.1
化学需氧量	43	27.9	5.6～ 100.2	汾河太原小店桥	4.0
总磷	43	25.6	0.005 ～0.991	汾河太原小店桥	4.0
氟化物	43	9.3	0.164 ～1.648	涑水河运城张留庄	0.7
阴离子表面活性剂	43	14.0	0.02～0.93	汾河太原小店桥	3.6

5.2.3　珠江水系

5.2.3.1　水质状况

（1）干流水质

2011 年，珠江干流水质良好。监测的 15 个国控断面中，Ⅰ类水质断面占 6.7%，Ⅱ类占 60.0%，Ⅲ类占 20.0%，Ⅳ类占 13.3%。珠江广州段为轻度污染，莲花山和长洲断面均为Ⅳ类水质，主要污染指标为石油类和氨氮。与上年相比，水质无明显变化。

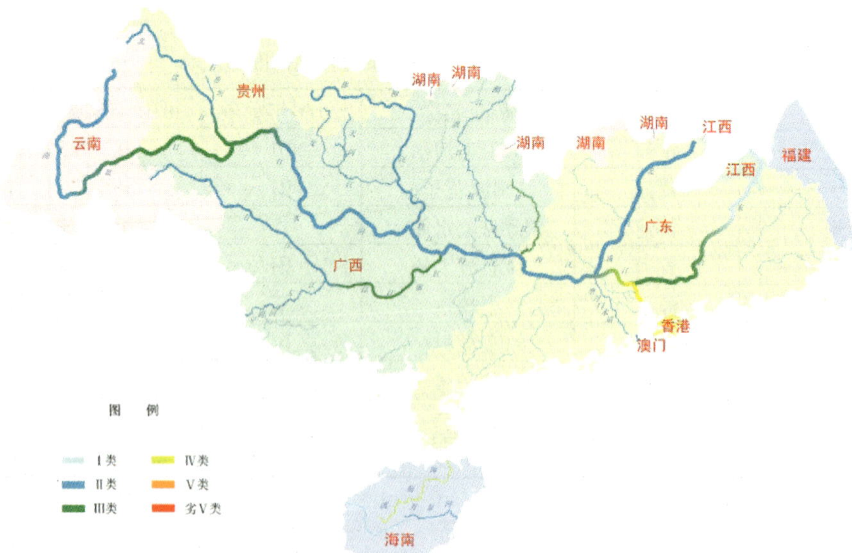

图 5-8　2011 年珠江水系水质分布示意图

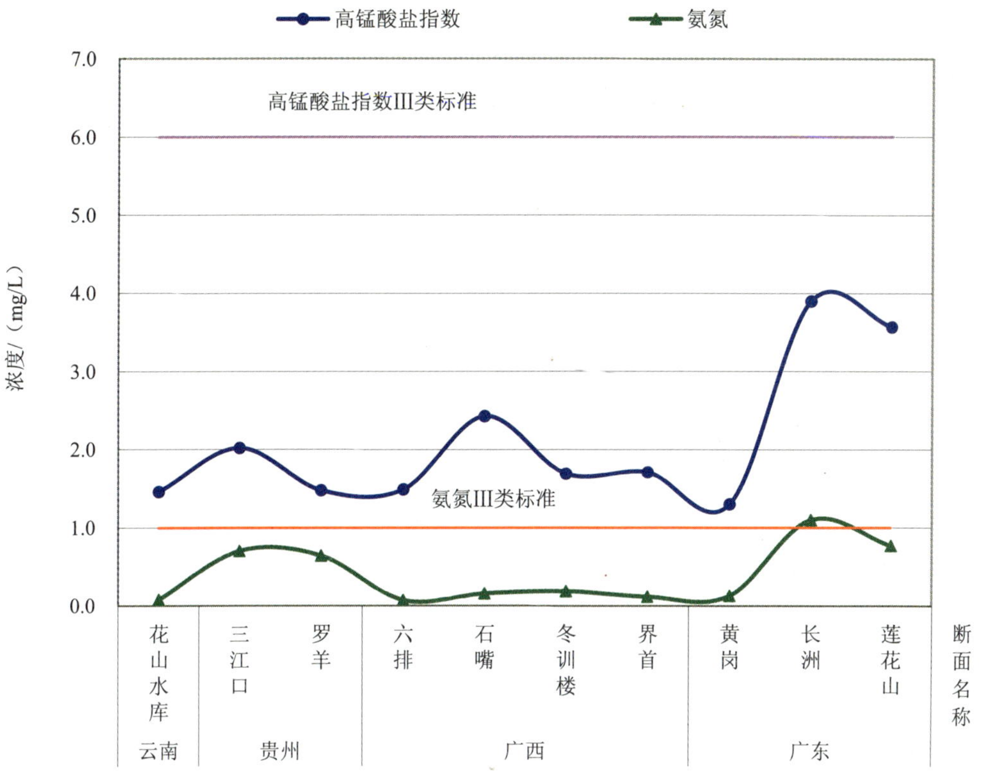

图 5-9　珠江干流—西江高锰酸盐指数和氨氮年均浓度沿程变化

（2）支流水质

2011 年，珠江支流水质总体为优。监测的 14 个国控断面中，Ⅰ～Ⅲ类水质断面占 92.9%，劣Ⅴ类占 7.1%。与上年相比，水质无明显变化。

深圳河污染严重，深圳河口断面为劣Ⅴ类水质，主要污染指标为氨氮、总磷和五日生化需氧量。

（3）海南岛内河流水质

2011 年，海南岛内河流中，万泉河 2 个国控断面均为Ⅱ类水质；海甸溪 2 个国控断面均为Ⅳ类水质，主要污染指标为石油类。与上年相比，水质无明显变化。

（4）省界断面水质

2011 年，珠江水系省界断面水质总体为优。监测的 7 个国控断面中，Ⅱ类水质断面占 57.1%，Ⅲ类占 42.9%。与上年相比，水质无明显变化。

5.2.3.2　水质变化

（1）月际变化

2011 年，珠江水系 11 月水质为优，其余月份均为良好。

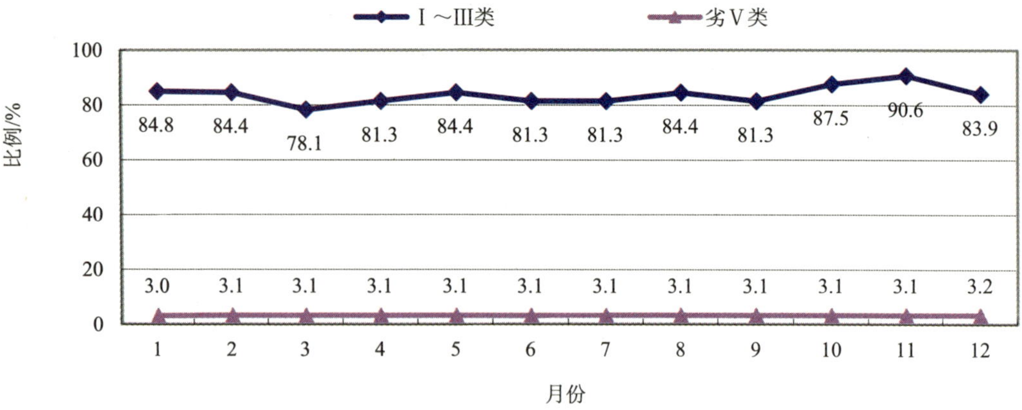

图 5-10　2011 年珠江水系水质类别月际变化

（2）年际变化

与上年相比，珠江水系有 2 个断面水质有所下降，30 个断面水质持平，1 个断面水质有所好转。

表 5-6　2011 年珠江水系水质变化国控断面汇总

地区名称	河流名称	断面名称	2011 年水质	2010 年水质	变化趋势
惠州市	东江	惠州剑潭	III	II	有所下降
六盘水市	北盘江	发耳	II	III	有所好转
贺州市	贺江	扶隆码头	III	II	有所下降

5.2.3.3　主要污染指标

2011 年，珠江水系监测的 33 个国控断面中，主要污染指标为石油类、氨氮和总磷，断面超标率分别为 9.1%、6.1%和 3.0%。深圳河河口断面和珠江长洲断面超标较严重。

表 5-7　2011 年珠江水系超标指标情况汇总

监测项目	统计断面数/个	年均值断面超标率/%	年均值范围/（mg/L）	年均值超标最高断面及超标倍数	
				断面名称	超标倍数
高锰酸盐指数	33	3.0	1.1～8.8	深圳河深圳河口	0.5
五日生化需氧量	33	3.0	0.3～10.9	深圳河深圳河口	1.7
氨氮	33	6.1	0.07～11.6	深圳河深圳河口	10.6
石油类	33	9.1	0.005 ～0.097	珠江广东长洲	0.9
化学需氧量	33	3.0	1.4～35.6	深圳河深圳河口	0.8
总磷	33	3.0	0.005 ～0.98	深圳河深圳河口	3.9
阴离子表面活性剂	33	3.0	0.02～0.29	深圳河深圳河口	0.4

5.2.4 松花江水系

5.2.4.1 水质状况

（1）干流水质

2011 年，松花江干流为轻度污染，主要污染指标为化学需氧量、总磷和氨氮。监测的 11 个国控断面中，III类水质断面占 72.7%，IV类占 27.3%。与上年相比，水质无明显变化。

图 5-11 2011 年松花江水系水质分布示意图

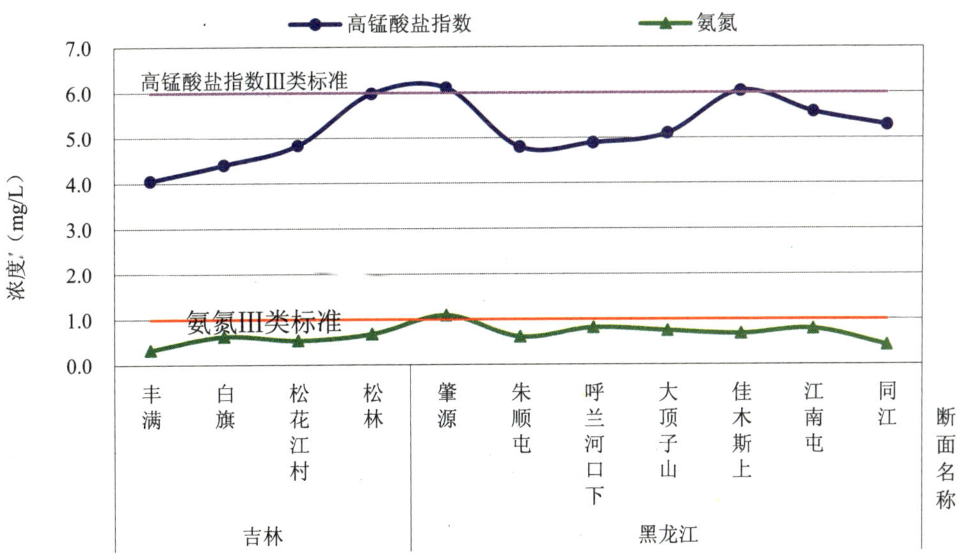

图 5-12 松花江干流高锰酸盐指数和氨氮年均浓度沿程变化

（2）支流水质

2011 年，松花江支流总体为中度污染，主要污染指标为高锰酸盐指数、氨氮和五日生化需氧量。监测的 14 个国控断面中，Ⅱ类水质断面占 7.1%，Ⅲ类占 35.8%，Ⅳ类占 21.4%，Ⅴ类占 7.1%，劣Ⅴ类占 28.6%。与上年相比，水质无明显变化。

（3）省界断面水质

2011 年，松花江省界断面总体为轻度污染，主要污染指标为总磷、高锰酸盐指数和氨氮。监测的 6 个国控断面中，Ⅱ类水质断面占 16.7%，Ⅲ类占 50.0%，Ⅳ类占 33.3%。与上年相比，Ⅰ～Ⅲ类水质断面比例持平，劣Ⅴ类水质断面比例降低 33.3 个百分点，水质明显好转。

5.2.4.2 水质变化

（1）月际变化

2011 年，松花江水系 1 月为中度污染，其余月份均为轻度污染。（3、4、11 和 12 月为松花江结冰和化冰期，监测断面较少，故不进行月际变化评价。）

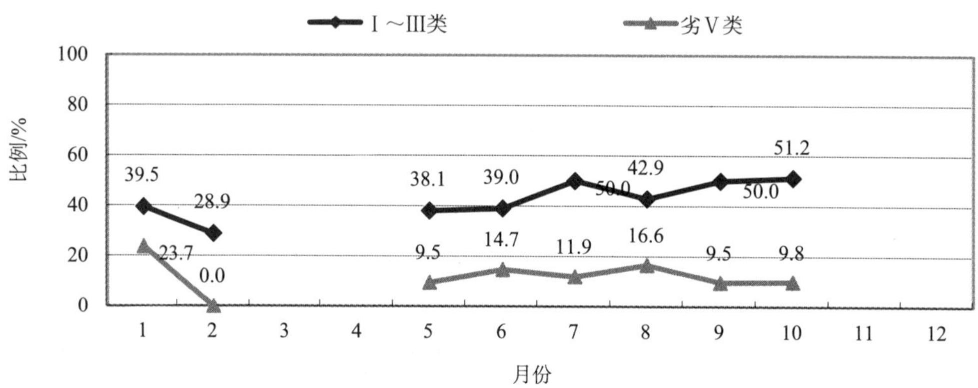

图 5-13　2011 年松花江水系水质类别月际变化

（2）年际变化

与上年相比，松花江水系有 4 个断面水质有所下降，33 个断面水质持平，2 个断面水质有所好转，肇源断面、嫩江河口内断面和黑河上断面水质明显好转。

表 5-8　2011 年松花江水系水质变化国控断面汇总

地区名称	河流名称	断面名称	2011 年水质	2010 年水质	变化趋势
肇源	松花江	肇源	Ⅳ	劣Ⅴ	明显好转
齐齐哈尔	嫩江	浏园	Ⅳ	Ⅲ	有所下降
肇源	嫩江	嫩江河口内	Ⅳ	劣Ⅴ	明显好转
延边	图们江	图们	劣Ⅴ	Ⅴ	有所下降
黑河	黑龙江	黑河上	Ⅱ	Ⅳ	明显好转
黑河	黑龙江	黑河下	Ⅲ	Ⅳ	有所好转
虎林	乌苏里江	虎头上	Ⅳ	Ⅲ	有所下降
呼伦贝尔	海拉尔河	嵯岗	Ⅳ	Ⅲ	有所下降
呼伦贝尔	海拉尔河	八号牧场	Ⅲ	Ⅳ	有所好转

5.2.4.3 主要污染指标

2011 年，松花江水系监测的 42 个国控断面中，主要污染指标为高锰酸盐指数、总磷和五日生化需氧量，断面超标率分别为 47.6%、23.8%和 16.7%。图们江河东断面、伊通河杨家崴子大桥断面和阿什河阿什河口内断面超标较严重。

表 5-9　2011 年松花江水系超标指标情况汇总

监测项目	统计断面数/个	年均值断面超标率/%	年均值范围/（mg/L）	年均值超标最高断面及超标倍数	
				断面名称	超标倍数
高锰酸盐指数	42	47.6	3.1～21.4	图们江延边河东	2.6
五日生化需氧量	42	16.7	0.5～25.4	伊通河长春杨家崴子大桥	5.4
氨氮	42	14.3	0.08～11.3	伊通河长春杨家崴子大桥	10.3
石油类	42	9.5	0.005 ～0.224	阿什河哈尔滨阿什河口内	3.5
挥发酚	42	2.4	0.000 2～0.005 8	阿什河哈尔滨阿什河口内	0.2
化学需氧量	41	36.6	12.5～80.5	伊通河长春杨家崴子大桥	3.0
总磷	42	23.8	0.019 ～0.952	伊通河长春杨家崴子大桥	3.8
阴离子表面活性剂	42	4.8	0.01～0.23	伊通河长春杨家崴子大桥	0.2

5.2.5 淮河水系

5.2.5.1 水质状况

（1）干流水质

2011 年，淮河干流水质为优。监测的 14 个国控断面中，Ⅱ类水质断面占 14.3%，Ⅲ类占 78.6%，Ⅳ类占 7.1%。与上年相比，水质无明显变化。

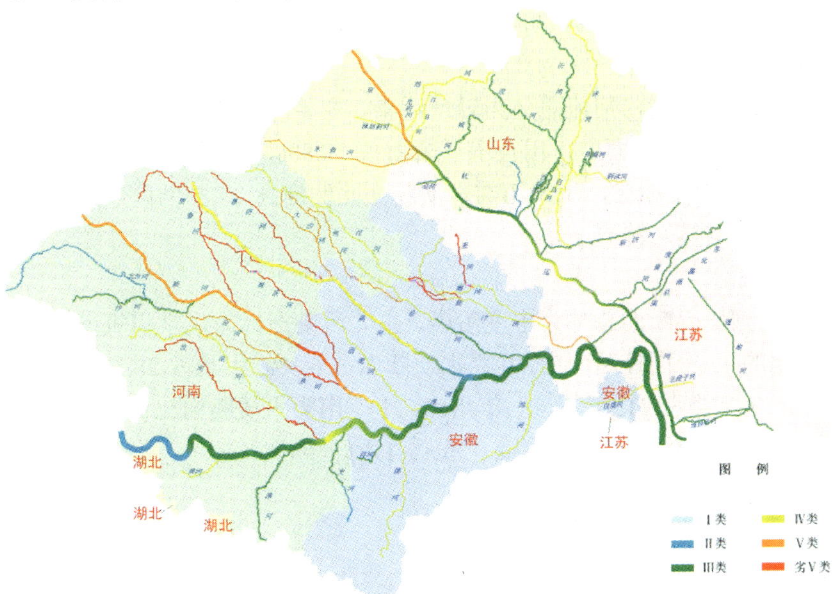

图 5-14　2011 年淮河水系水质分布示意图

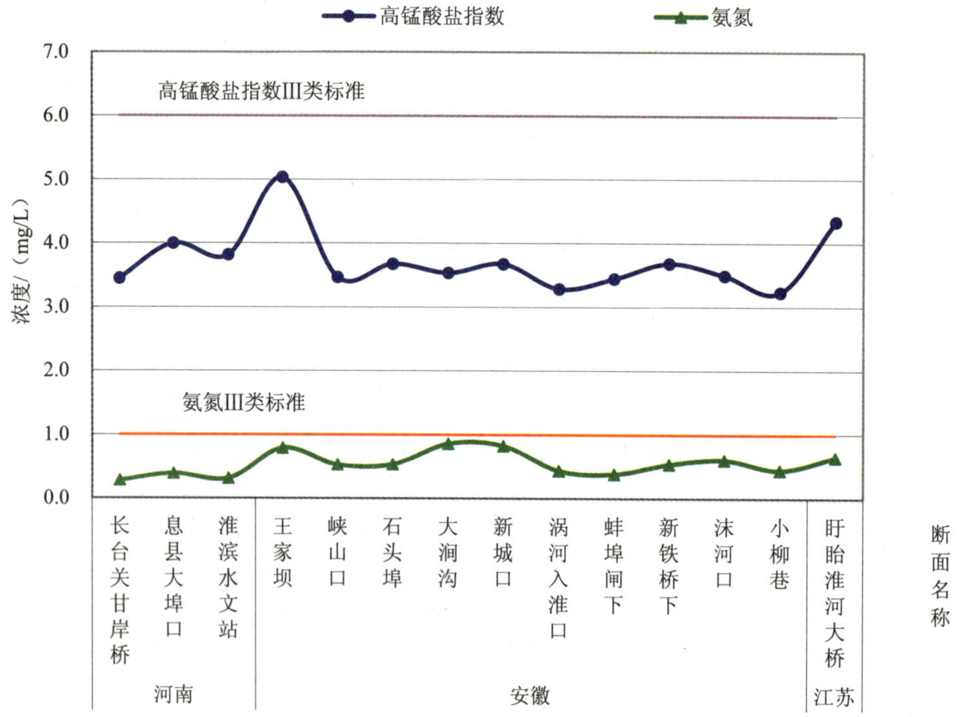

图 5-15 淮河干流高锰酸盐指数和氨氮年均浓度沿程变化

（2）支流水质

2011 年，淮河支流总体为中度污染，主要污染指标为化学需氧量、五日生化需氧量和总磷。监测的 54 个国控断面中，Ⅱ类水质断面占 5.5%，Ⅲ类占 24.1%，Ⅳ类占 35.2%，Ⅴ类占 13.0%，劣Ⅴ类占 22.2%。与上年相比，水质无明显变化。

（3）山东境内河流水质

2011 年，淮河山东境内河流总体为轻度污染，主要污染指标为化学需氧量、总磷和石油类。监测的 18 个国控断面中，Ⅲ类水质断面占 38.9%，Ⅳ类占 38.9%，Ⅴ类占 16.6%，劣Ⅴ类占 5.6%。与上年相比，Ⅰ～Ⅲ类水质断面比例提高 27.8 个百分点，劣Ⅴ类水质断面比例持平，水质明显好转。

（4）省界断面水质

2011 年，淮河省界断面总体为中度污染，主要污染指标为化学需氧量、总磷和五日生化需氧量。监测的 32 个国控断面中，Ⅱ类水质断面占 6.3%，Ⅲ类占 28.1%，Ⅳ类占 31.2%，Ⅴ类占 12.5%，劣Ⅴ类占 21.9%。与上年相比，Ⅰ～Ⅲ类水质断面比例提高 9.4 个百分点，劣Ⅴ类水质断面比例降低 3.1 个百分点，水质有所好转。

5.2.5.2 水质变化

（1）月际变化

2011 年，淮河水系 1—12 月均为轻度污染。Ⅰ～Ⅲ类水质断面比例在 40.0%左右波动，劣Ⅴ类水质断面比例均低于 20.0%。

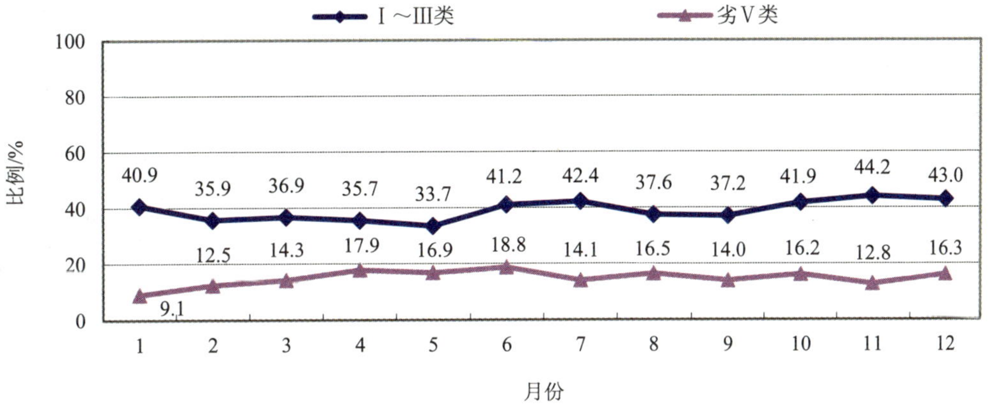

图 5-16　2011 年淮河水系水质类别月际变化

（2）年际变化

与上年相比，淮河水系沙口断面水质明显下降，10 个断面水质有所下降，56 个断面水质持平，16 个断面水质有所好转，泗县八里桥断面、临涣集断面和蒙城段下游断面水质明显好转。

表 5-10　2011 年淮河水系水质变化国控断面汇总

地区名称	河流名称	断面名称	2011 年水质	2010 年水质	变化趋势
宿州市	濉河	泗县八里桥	Ⅳ	劣Ⅴ	明显好转
商丘市	包河	马桥	Ⅴ	劣Ⅴ	有所好转
漯河市	沙河	刘李渡口	Ⅲ	Ⅱ	有所下降
商丘市	大沙河	包公庙	Ⅴ	Ⅳ	有所下降
淮北市	东沙河	临涣集	Ⅳ	劣Ⅴ	明显好转
扬州市	中运河（京杭运河）	槐泗河口	Ⅲ	Ⅳ	有所好转
邳州市	邳苍分洪道	艾山西大桥	Ⅱ	Ⅲ	有所好转
泗洪县	新濉河	大屈	Ⅴ	劣Ⅴ	有所好转
信阳市	淮河	长台关甘岸桥	Ⅲ	Ⅱ	有所下降
信阳市	淮河	息县大埠口	Ⅲ	Ⅱ	有所下降
蚌埠市	淮河	蚌埠闸下	Ⅱ	Ⅲ	有所好转
驻马店市	汝河	沙口	劣Ⅴ	Ⅳ	明显下降
六安市	沣河	工农兵大桥	Ⅲ	Ⅳ	有所好转
六安市	淠河	新安渡口	Ⅳ	Ⅲ	有所下降
信阳市	浉河	信阳琵琶山桥	Ⅳ	Ⅲ	有所下降
阜阳市	洪河分洪道	陶老	劣Ⅴ	Ⅴ	有所下降
信阳市	史灌河	蒋集水文站	Ⅲ	Ⅱ	有所下降
周口市	颍河	槐店闸	Ⅴ	劣Ⅴ	有所好转
阜阳市	颍河	界首	劣Ⅴ	Ⅴ	有所下降
阜阳市	颍河	颍上下游	Ⅳ	Ⅴ	有所好转

地区名称	河流名称	断面名称	2011 年水质	2010 年水质	变化趋势
周口市	涡河	鹿邑付桥	Ⅳ	Ⅴ	有所好转
亳州市	涡河	蒙城段下游	Ⅳ	劣Ⅴ	明显好转
淮北市	沱河	小王桥	劣Ⅴ	Ⅴ	有所下降
临沂市	沙沟河	沙沟桥	Ⅲ	Ⅳ	有所好转
临沂市	武河	310 公路桥	Ⅲ	Ⅳ	有所好转
临沂市	祊河	角沂	Ⅲ	Ⅳ	有所好转
临沂市	张疃河	张疃桥	Ⅲ	Ⅳ	有所好转
枣庄市	城郭河	群乐桥	Ⅲ	Ⅳ	有所好转
济宁市	泗河	书院	Ⅳ	Ⅴ	有所好转
菏泽市	洙赵新河	于楼	Ⅳ	Ⅴ	有所好转

5.2.5.3 主要污染指标

2011 年，淮河水系监测的 86 个国控断面中，主要污染指标为化学需氧量、总磷和五日生化需氧量，断面超标率分别为 44.2%、34.9%和 33.7%。奎河杨庄断面、涡河亳州断面、惠济河刘寨村后断面和包河马桥断面超标较严重。

表 5-11 2011 年淮河水系超标指标情况汇总

监测项目	统计断面数/个	年均值断面超标率/%	年均值范围/（mg/L）	年均值超标最高断面及超标倍数	
				断面名称	超标倍数
高锰酸盐指数	86	30.2	2.8～13.1	奎河宿州杨庄	1.2
五日生化需氧量	86	33.7	1.0～14.9	惠济河亳州刘寨村后	2.7
氨氮	86	18.6	0.079 ～8.725	奎河宿州杨庄	7.7
石油类	86	22.1	0.005 ～0.306	颍河阜阳界首	5.1
挥发酚	86	4.7	0.000 1～0.009 1	奎河宿州杨庄	0.8
化学需氧量	86	44.2	9.9～65.4	涡河亳州	2.3
总磷	86	34.9	0.044 ～1.289	黑茨河阜阳倪邱	5.4
氟化物	86	10.5	0.20～1.40	惠济河亳州刘寨村后	0.4
阴离子表面活性剂	86	2.3	0.02～0.23	奎河宿州杨庄、包河商丘马桥	0.2
硫化物	86	1.2	0.002 ～0.299	奎河宿州杨庄	0.5

5.2.6 海河水系

5.2.6.1 水质状况

（1）干流水质

2011 年，海河干流监测的 2 个国控断面中，Ⅳ类和劣Ⅴ类水质断面各 1 个。主要污染指标为总磷、化学需氧量和氨氮。与上年相比，三岔口断面水质由劣Ⅴ类变为Ⅳ类，水质明显好转。

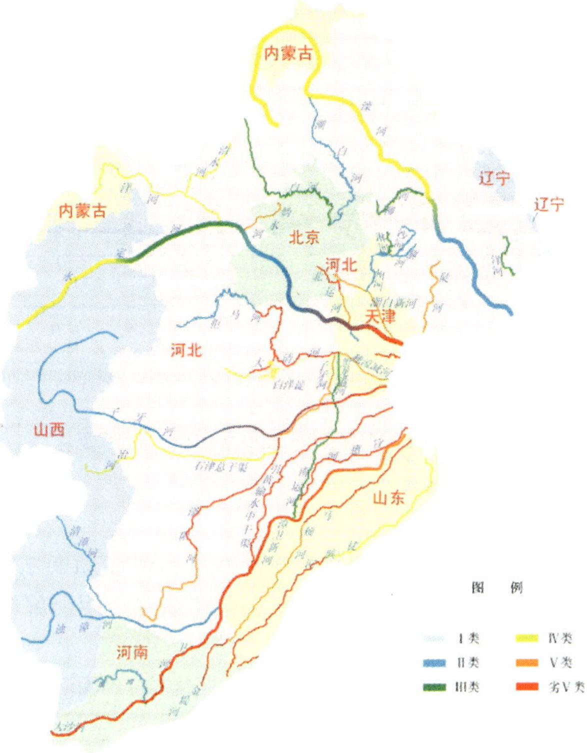

图 5-17 2011 年海河水系水质分布示意图

（2）其他主要河流水质

2011 年，海河其他主要河流总体为中度污染，主要污染指标为化学需氧量、五日生化需氧量和石油类。61 个国控断面中，Ⅱ类水质断面占 21.3%，Ⅲ类占 11.5%，Ⅳ类占 16.4%，Ⅴ类占 13.1%，劣Ⅴ类占 37.7%。与上年相比，水质无明显变化。

主要河流中，永定河水质为优，滦河和淋河水质良好，漳卫新河为中度污染，大沙河、子牙新河、徒骇河、北运河和马颊河为重度污染。

（3）省界断面水质

2011 年，海河水系省界断面总体为中度污染，主要污染指标为化学需氧量、五日生化需氧量和氨氮。16 个国控断面中，Ⅱ类水质断面占 37.5%，Ⅲ类占 6.3%，Ⅳ类占 12.5%，Ⅴ类占 6.2%，劣Ⅴ类占 37.5%。与上年相比，水质无明显变化。

5.2.6.2 水质变化

（1）月际变化

2011 年，海河水系 5 月、7 月和 9—11 月均为中度污染，其余月份均为重度污染。

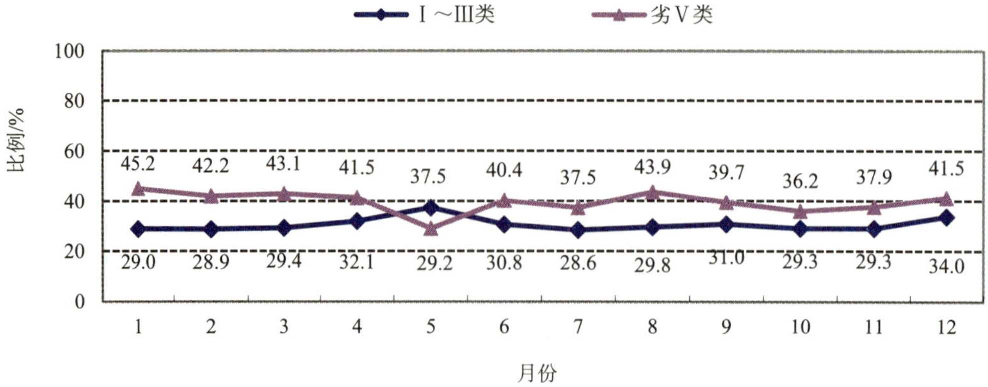

图 5-18　2011 年海河水系水质类别月际变化

（2）年际变化

与上年相比，海河水系有 4 个断面水质有所下降，50 个断面水质持平，6 个断面水质有所好转，三岔口断面、岗南水库入口断面和焦庄断面水质明显好转。

表 5-12　2011 年海河水系水质变化国控断面汇总

地区名称	河流名称	断面名称	2011 年水质	2010 年水质	变化趋势
石家庄市	绵河-冶河	地都	Ⅳ	Ⅴ	有所好转
长治市	浊漳河	王家庄	Ⅱ	Ⅲ	有所好转
天津市	海河	三岔口	Ⅳ	劣Ⅴ	明显好转
大同市	桑干河	册田水库出口	Ⅳ	Ⅴ	有所好转
石家庄市	滹沱河	岗南水库入口	Ⅱ	Ⅳ	明显好转
承德市	柳河	大杖子（二）	Ⅲ	Ⅱ	有所下降
保定市	府河	焦庄	Ⅳ	劣Ⅴ	明显好转
蓟县	淋河	淋河桥	Ⅲ	Ⅱ	有所下降
承德市	滦河	大杖子（一）	Ⅳ	Ⅲ	有所下降
北京市	永定河	沿河城	Ⅱ	Ⅲ	有所好转
滨州市	漳卫新河	小泊头桥	Ⅴ	劣Ⅴ	有所好转
滨州市	徒骇河	富国	Ⅳ	Ⅴ	有所好转
聊城市	马颊河	任堂桥	劣Ⅴ	Ⅴ	有所下降

5.2.6.3　主要污染指标

2011 年，海河水系监测的 63 个国控断面中，主要污染指标为化学需氧量、五日生化需氧量和氨氮，断面超标率分别为 63.5%、52.4%和 44.4%。滏阳河艾辛庄断面、卫运河临清断面、北运河王家摆断面、子牙新河阎辛庄断面、卫河龙王庙断面和海河海河大闸断面超标较严重。

表 5-13　2011 年海河水系超标指标情况汇总

监测项目	统计断面数/个	年均值断面超标率/%	年均值范围/（mg/L）	年均值超标最高断面及超标倍数	
				断面名称	超标倍数
高锰酸盐指数	63	52.4	1.1～31.5	滏阳河邢台艾辛庄	4.2
五日生化需氧量	63	52.4	0.2～58.0	滏阳河邢台艾辛庄	13.5
氨氮	63	44.4	0.025～35.8	滏阳河邢台艾辛庄	34.8
石油类	63	42.9	0.005～0.686	北运河廊坊王家摆	12.7
挥发酚	63	19.0	0.000 1～0.032 3	滏阳河邢台艾辛庄	5.5
汞	63	3.2	1.0×10^{-6}～1.5×10^{-4}	海河塘沽海河大闸	0.5
化学需氧量	63	63.5	3.9～197.4	滏阳河邢台艾辛庄	8.9
总磷	63	44.4	0.008～4.173	卫运河邢台临清	19.9
氟化物	63	19.0	0.18～1.72	卫河邯郸龙王庙	0.7
阴离子表面活性剂	63	6.3	0.03～0.67	子牙新河沧州阎辛庄	2.4
硫化物	63	4.8	0.002～0.477	滏阳河邢台艾辛庄	1.4

5.2.7　辽河水系

5.2.7.1　水质状况

（1）干流水质

2011 年，辽河干流为轻度污染，主要污染指标为五日生化需氧量、石油类和化学需氧量。监测的 13 个国控断面中，Ⅱ类占 15.4%，Ⅲ类占 23.0%，Ⅳ类占 30.8%，Ⅴ类占 30.8%。其中，老哈河和东辽河水质良好，辽河为轻度污染，西辽河为中度污染。与上年相比，Ⅰ～Ⅲ类水质断面比例提高 7.7 个百分点，劣Ⅴ类水质断面比例降低 15.4 个百分点，水质明显好转。

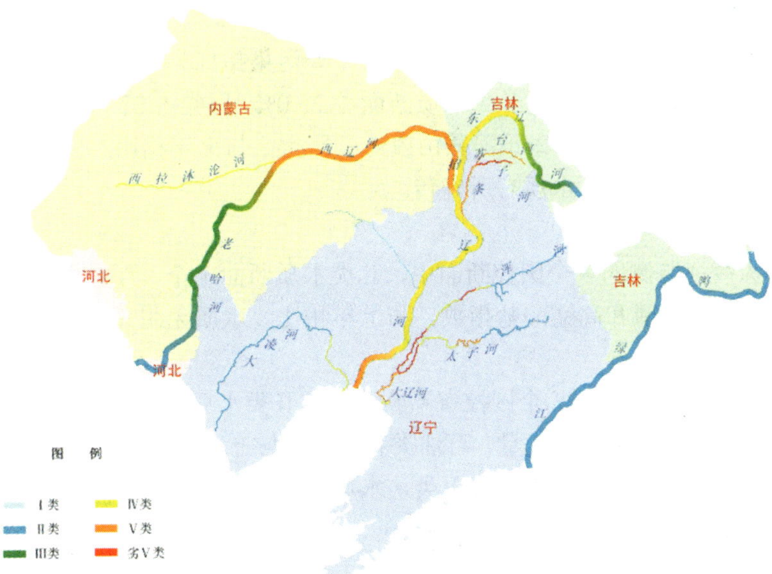

图 5-19　2011 年辽河水系水质分布示意图

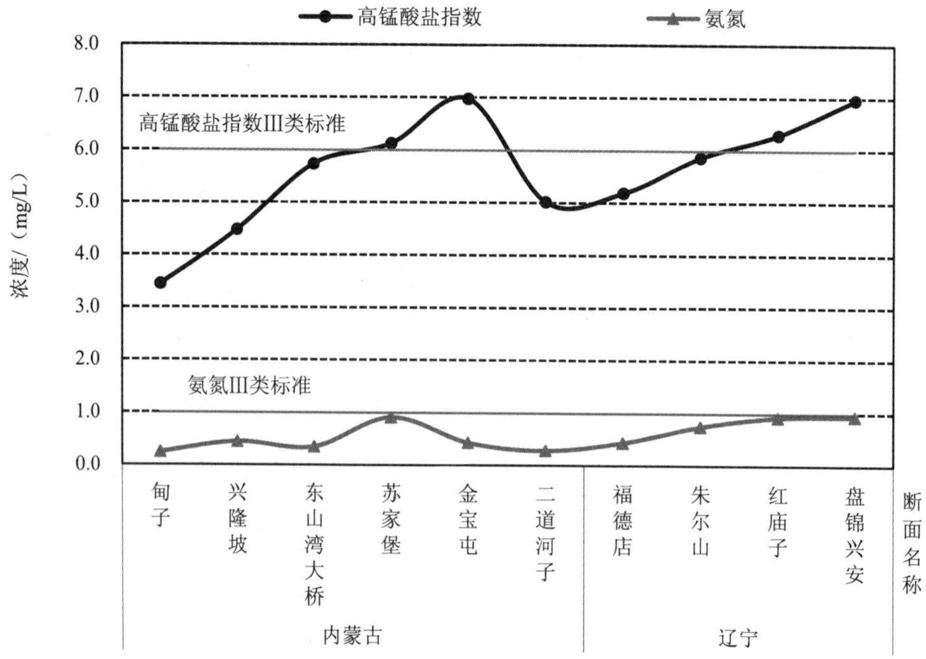

图 5-20　辽河干流高锰酸盐指数和氨氮浓度沿程变化

（2）支流水质

2011 年，辽河支流监测的 3 个国控断面中，Ⅳ类、Ⅴ类和劣Ⅴ类水质断面各 1 个。主要污染指标为氨氮、总磷和化学需氧量。与上年相比，通江口断面水质由劣Ⅴ类变为Ⅴ类，水质有所好转。

（3）大辽河及其支流水质

2011 年，大辽河及其支流总体为中度污染，主要污染指标为氨氮、五日生化需氧量和石油类。监测的 12 个国控断面中，Ⅱ类水质断面占 25.0%，Ⅳ类占 33.3%，Ⅴ类占 16.7%，劣Ⅴ类占 25.0%。浑河沈阳段和太子河鞍山段污染严重。与上年相比，大辽河及其支流总体由重度污染变为中度污染，水质有所好转。

（4）大凌河水质

2011 年，大凌河监测的 3 个国控断面中，Ⅱ类水质断面 1 个，Ⅳ类水质断面 2 个。主要污染指标为氨氮、总磷和高锰酸盐指数。与上年相比，水质无明显变化。

（5）省界断面水质

2011 年，辽河水系监测的 3 个国控省界断面中，Ⅱ类水质断面 1 个，Ⅳ类水质断面 2 个。主要污染指标为五日生化需氧量、石油类和总磷。与上年相比，辽宁铁岭吉、蒙-辽交界的辽河福德店断面水质由劣Ⅴ类变为Ⅳ类，水质明显好转。

5.2.7.2　水质变化

（1）月际变化

2011 年，辽河水系 1 月和 6—11 月均为轻度污染，其余月份均为中度污染。

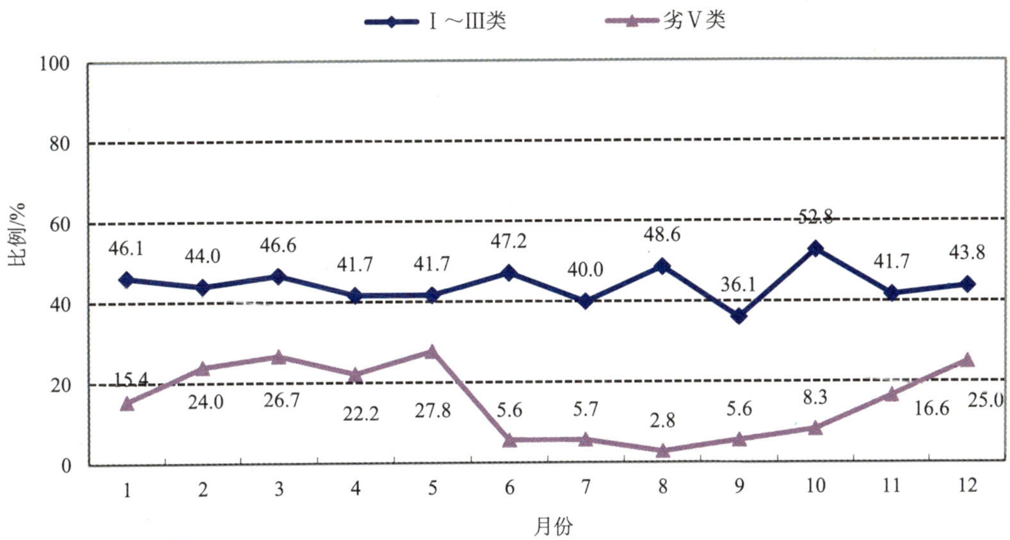

图 5-21　2011 年辽河水系水质类别月际变化

（2）年际变化

与上年相比，辽河水系有 28 个断面水质持平，7 个断面水质有所好转，福德店断面和砂山断面水质明显好转。

表 5-14　2011 年辽河水系水质变化国控断面汇总

地区名称	河流名称	断面名称	2011 年水质	2010 年水质	变化趋势
赤峰	老哈河	东山湾大桥	Ⅲ	Ⅳ	有所好转
铁岭	辽河	福德店	Ⅳ	劣Ⅴ	明显好转
铁岭	辽河	朱尔山	Ⅳ	Ⅴ	有所好转
沈阳	辽河	红庙子	Ⅳ	Ⅴ	有所好转
盘锦	辽河	盘锦兴安	Ⅴ	劣Ⅴ	有所好转
铁岭	招苏台河	通江口	Ⅴ	劣Ⅴ	有所好转
沈阳	浑河	砂山	Ⅳ	劣Ⅴ	明显好转
营口	大辽河	黑英台	Ⅴ	劣Ⅴ	有所好转
锦州	大凌河	张家堡	Ⅳ	Ⅴ	有所好转

5.2.7.3　主要污染指标

2011 年，辽河水系监测的 37 个国控断面中，主要污染指标为五日生化需氧量、石油类和氨氮，断面超标率分别为 45.9%、32.4%和 29.7%。条子河汇合口断面、辽河盘锦兴安断面和太子河兴安断面超标较严重。

表 5-15　2011 年辽河水系超标指标情况汇总

监测项目	统计断面数/个	年均值断面超标率/%	年均值范围/（mg/L）	年均值超标最高断面及超标倍数	
				断面名称	超标倍数
高锰酸盐指数	37	29.7	1.5～12.0	条子河四平汇合口	1.0
五日生化需氧量	37	45.9	0.9～11.4	条子河四平汇合口	1.9
氨氮	37	29.7	0.03～19.4	条子河四平汇合口	18.4
石油类	37	32.4	0.002 ～0.294	辽河盘锦兴安	4.9
挥发酚	37	13.5	0.000 1～0.050 8	太子河本溪兴安	9.2
化学需氧量	37	21.6	4.8～57.3	条子河四平汇合口	1.9
总磷	37	21.6	0.005 ～1.55	条子河四平汇合口	6.7

5.2.8　浙闽片河流

5.2.8.1　水质状况

2011 年，浙闽片河流水质总体良好。监测的 31 个国控断面中，Ⅱ类水质断面占 25.8%，Ⅲ类占 54.8%，Ⅳ类占 12.9%，劣Ⅴ类占 6.5%。与上年相比，水质无明显变化。

浙江境内河流总体为轻度污染，主要污染指标为石油类、五日生化需氧量和化学需氧量。监测的 13 个国控断面中，Ⅱ类水质断面占 30.7%，Ⅲ类占 30.8%，Ⅳ类占 30.8%，劣Ⅴ类占 7.7%。与上年相比，水质无明显变化。

福建境内河流水质总体为优。监测的 18 个国控断面中，Ⅱ类水质断面占 22.2%，Ⅲ类占 72.2%，劣Ⅴ类占 5.6%。与上年相比，水质无明显变化。

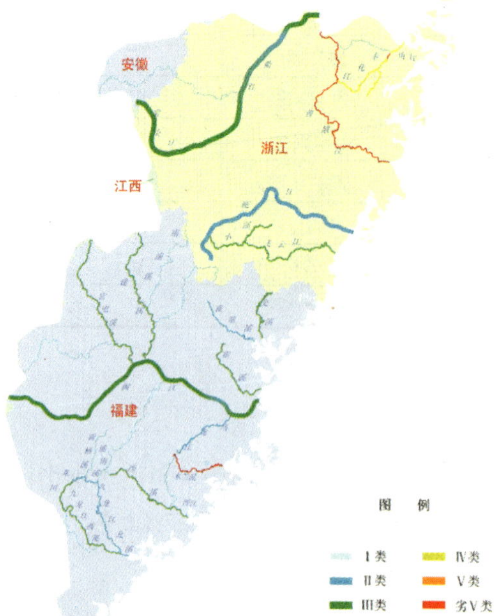

图 5-22　2011 年浙闽片河流水质分布示意图

5.2.8.2 水质变化

（1）月际变化

2011 年，浙闽片河流 5 月、9 月和 10 月为轻度污染，其余月份水质均为良好。

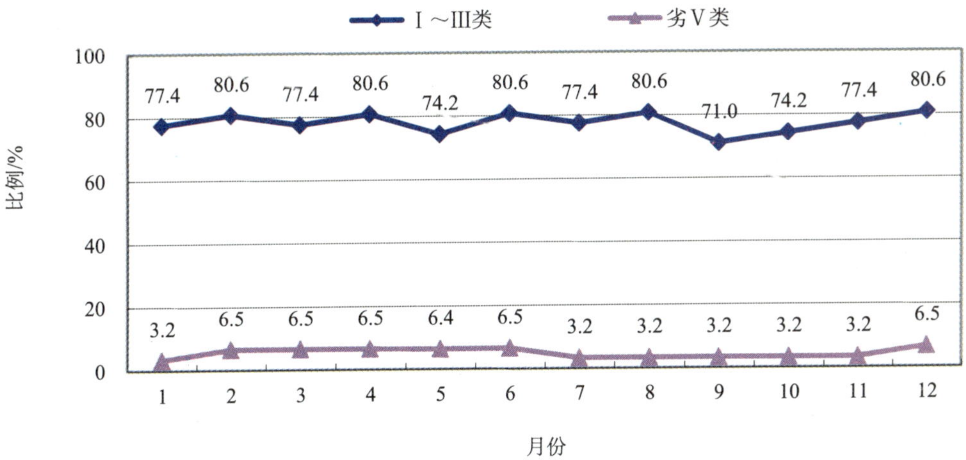

图 5-23　2011 年浙闽片河流水质类别月际变化

（2）年际变化

与上年相比，浙闽片河流有 5 个断面水质有所下降，25 个断面水质持平，1 个断面水质有所好转。

表 5-16　2011 年浙闽片河流水质变化国控断面汇总

地区名称	河流名称	断面名称	2011 年水质	2010 年水质	变化趋势
南平市	建溪	建瓯七里街	Ⅲ	Ⅱ	有所下降
漳州市	九龙江北溪	西陂	Ⅱ	Ⅲ	有所好转
瑞安市	飞云江	第三农业站	Ⅲ	Ⅱ	有所下降
南平市	闽江	十里庵	Ⅲ	Ⅱ	有所下降
福州市	闽江	格洋口	Ⅲ	Ⅱ	有所下降
莆田市	木兰溪	三江口	劣Ⅴ	Ⅴ	有所下降

5.2.8.3 主要污染指标

2011 年，浙闽片河流监测的 31 个国控断面中，主要污染指标为石油类、化学需氧量和总磷，断面超标率分别为 16.1%、9.7%和 6.5%。甬江三江口断面、木兰溪三江口断面和椒江老鼠屿断面超标较严重。

表 5-17　2011 年浙闽片河流超标指标情况汇总

监测项目	统计断面数/个	年均值断面超标率/%	年均值范围/（mg/L）	年均值超标最高断面及超标倍数	
				断面名称	超标倍数
高锰酸盐指数	31	6.5	1.42～7.04	木兰溪莆田三江口	0.2
五日生化需氧量	31	6.5	0.72～5.21	甬江宁波三江口	0.3
氨氮	31	6.5	0.055 ～1.08	甬江宁波三江口	0.1
石油类	31	16.1	0.005 ～0.323	甬江宁波三江口	5.4
化学需氧量	27	11.1	5～80.02	椒江台州老鼠屿	3.0
总磷	31	6.5	0.024 ～0.441	木兰溪莆田三江口	1.2

5.2.9　西北诸河

5.2.9.1　水质状况

2011 年，西北诸河水质总体为优。监测的 23 个国控断面中，Ⅰ类水质断面占 13.1%，Ⅱ类占 74.0%，Ⅲ类占 4.3%，Ⅳ类占 4.3%，劣Ⅴ类占 4.3%。与上年相比，Ⅰ～Ⅲ类水质断面比例提高 9.3 个百分点，劣Ⅴ类水质断面比例降低 2.8 个百分点，水质有所好转。

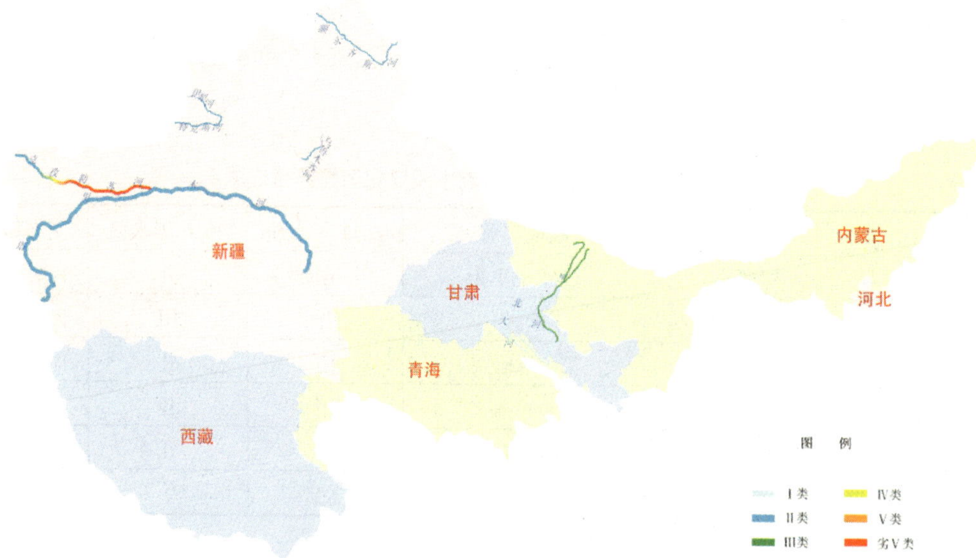

图 5-24　2011 年西北诸河水质分布示意图

5.2.9.2　水质变化

（1）月际变化

2011 年，西北诸河 2 月、3 月、6 月和 11 月水质良好，其余月份水质为优。

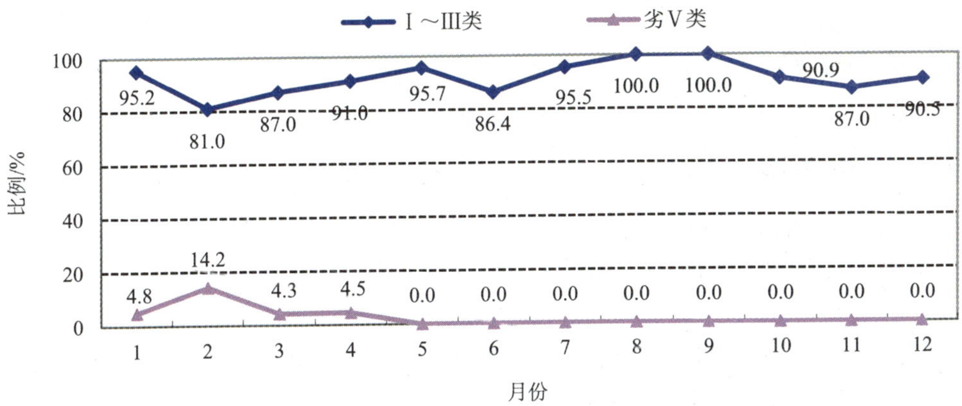

图 5-25　2011 年西北诸河水质类别月际变化

（2）年际变化

与上年相比，西北诸河有 17 个断面水质持平，5 个断面水质有所好转，布尔津大桥断面水质明显好转。

表 5-18　2011 年西北诸河水质变化国控断面汇总

地区名称	河流名称	断面名称	2011 年水质	2010 年水质	变化趋势
伊犁州	伊犁河	英牙尔乡	Ⅱ	Ⅲ	有所好转
伊犁州	伊犁河	霍城 63 团	Ⅱ	Ⅲ	有所好转
阿勒泰地区	额尔齐斯河	富蕴大桥	Ⅱ	Ⅲ	有所好转
阿勒泰地区	额尔齐斯河	北屯大桥	Ⅱ	Ⅲ	有所好转
阿勒泰地区	额尔齐斯河	布尔津大桥	Ⅱ	Ⅳ	明显好转
喀什地区	克孜河	七里桥	Ⅳ	Ⅴ	有所好转

5.2.9.3　主要污染指标

2011 年，西北诸河监测的 23 个国控断面中，主要污染指标为石油类、氨氮和总磷，断面超标率分别为 8.7%、4.3%和 4.3%。克孜河十二医院断面超标较严重。

表 5-19　2011 年西北诸河超标指标情况汇总

监测项目	统计断面数/个	年均值断面超标率/%	年均值范围/（mg/L）	年均值超标最高断面及超标倍数	
				断面名称	超标倍数
氨氮	23	4.3	0.014 ～2.33	克孜河喀什十二医院	1.3
石油类	23	8.7	0.005 ～0.166	克孜河喀什十二医院	2.3
化学需氧量	23	4.3	3.2～22.7	克孜河喀什十二医院	0.1
总磷	23	4.3	0.013 ～0.349	克孜河喀什十二医院	0.7

5.2.10 西南诸河

5.2.10.1 水质状况

2011 年，西南诸河水质总体为优。监测的 17 个国控断面中，Ⅱ类水质断面占 52.9%，Ⅲ类占 41.2%，Ⅳ类占 5.9%。与上年相比，西南诸河水质总体由良好变为优，水质有所好转。

西藏境内河流水质总体良好。监测的 6 个国控断面中，Ⅱ类和Ⅳ类水质断面分别占 83.3% 和 16.7%。与上年相比，水质无明显变化。

云南境内河流水质总体为优。监测的 11 个国控断面中，Ⅱ类和Ⅲ类水质断面分别占 36.4%和 63.6%。与上年相比，Ⅰ～Ⅲ类水质断面比例提高 18.2 个百分点，劣Ⅴ类水质断面比例降低 18.2 个百分点，水质明显好转。

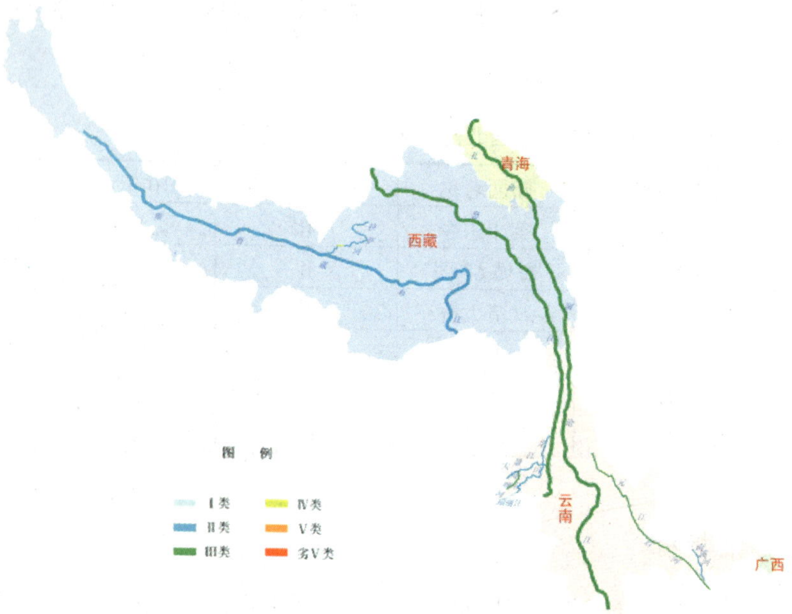

图 5-26 2011 年西南诸河水质分布示意图

5.2.10.2 水质变化

（1）月际变化

2011 年，西南诸河 4 月和 6 月为轻度污染，1 月和 8 月水质良好，其余月份水质为优。

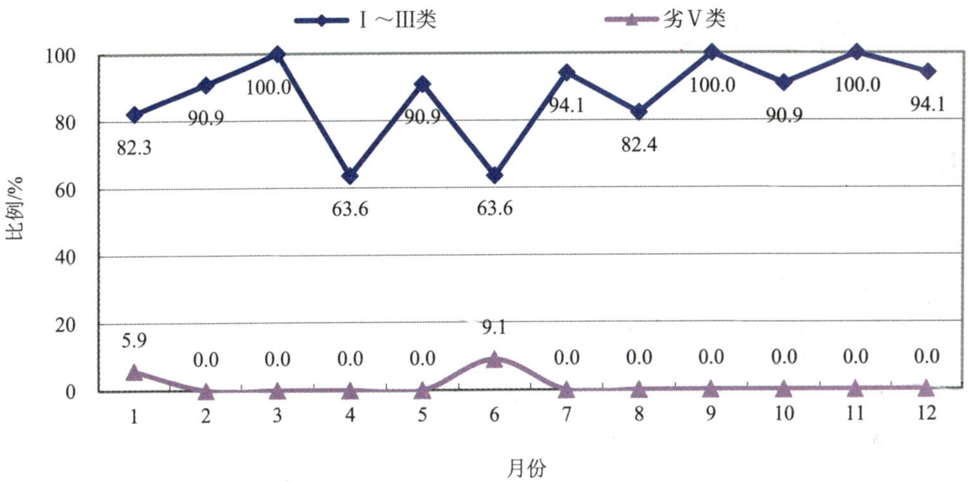

图 5-27　2011 年西南诸河水质类别月际变化

（2）年际变化

与上年相比，西南诸河有 5 个断面水质有所下降，9 个断面水质持平，1 个断面水质有所好转，元江龙脖渡口和河口县医院断面水质明显好转。

表 5-20　2011 年西南诸河水质变化国控断面汇总

地区名称	河流名称	断面名称	2011 年水质	2010 年水质	变化趋势
红河州	南溪河	蚂蝗堡桥	Ⅱ	Ⅲ	有所好转
红河州	元江	龙脖渡口	Ⅲ	劣Ⅴ	明显好转
红河州	元江	河口县医院	Ⅲ	劣Ⅴ	明显好转
西双版纳州	澜沧江	州水文站	Ⅲ	Ⅱ	有所下降
西双版纳州	澜沧江	勐罕渡口	Ⅲ	Ⅱ	有所下降
西双版纳州	澜沧江	关累	Ⅲ	Ⅱ	有所下降
保山市	怒江	红旗桥	Ⅲ	Ⅱ	有所下降
德宏州	南畹江	迭撒大桥	Ⅲ	Ⅱ	有所下降

5.2.10.3　主要污染指标

2011 年，西南诸河监测的 17 个国控断面中，仅堆龙河东嘎断面砷超标。

表 5-21　2011 年西南诸河超标指标情况汇总

监测项目	统计断面数/个	年均值断面超标率/%	年均值范围/（mg/L）	年均值超标最高断面及超标倍数	
				断面名称	超标倍数
砷	17	5.9	0.000 3～0.052	堆龙河东嘎	0.04

5.2.11 南水北调（东线）

5.2.11.1 水质状况

2011 年，南水北调（东线）输水干线京杭大运河鲁南运河段蔺家坝断面、韩庄运河段台儿庄大桥断面和里运河段槐泗河口断面均为III类水质。

汇入南运河的卫河为劣V类水质；汇入南四湖的 5 条支流中，城郭河和沿河为III类水质，白马河为IV类水质，西支河和东渔河为V类水质；汇入洪泽湖的淮河干流为III类水质。

与上年相比，里运河段槐泗河口断面和城郭河群乐桥断面水质由IV类好转为III类，其余断面水质无明显变化。

5.2.11.2 水质变化

（1）月际变化

2011 年，南水北调（东线）8—10 月均为中度污染，其余月份均为轻度污染。

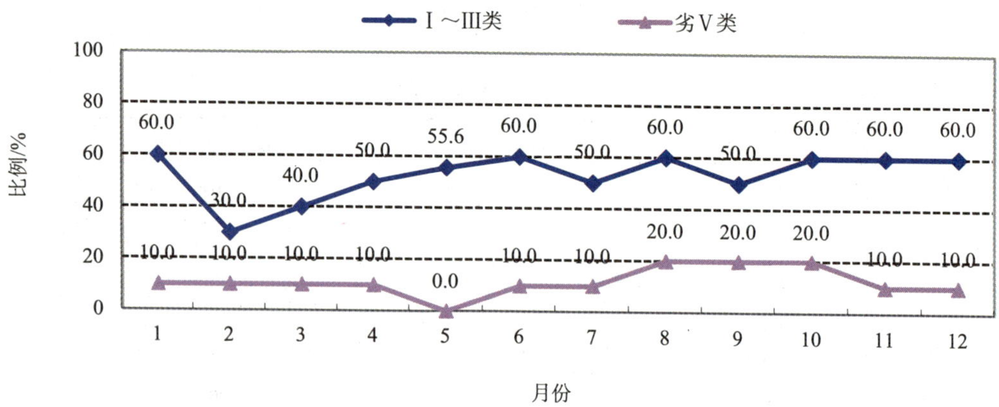

图 5-28 2011 年南水北调（东线）水质类别月际变化

（2）年际变化

与上年相比，南水北调（东线）有 8 个断面水质持平，2 个断面水质有所好转。

表 5-22 2011 年南水北调（东线）水质变化国控断面汇总

地区名称	河流名称	断面名称	2011 年水质	2010 年水质	变化趋势
扬州	京杭大运河	槐泗河口	III	IV	有所好转
枣庄	城郭河	群乐桥	III	IV	有所好转

5.2.11.3 主要污染指标

2011 年，南水北调（东线）监测的 10 个国控断面中，主要污染指标为化学需氧量、总磷和石油类，断面超标率分别为 40.0%、40.0%和 30.0%。卫河龙王庙断面超标较严重。

表 5-23 2011 年南水北调（东线）超标指标情况汇总

监测项目	统计断面数/个	年均值断面超标率/%	年均值范围/（mg/L）	年均值超标最高断面及超标倍数	
				断面名称	超标倍数
高锰酸盐指数	10	30.0	3.5～13.5	卫河邯郸龙王庙	1.3
五日生化需氧量	10	10.0	2.1～10.3	卫河邯郸龙王庙	1.6
氨氮	10	10.0	0.22～5.41	卫河邯郸龙王庙	4.4
石油类	10	30.0	0.010～0.308	卫河邯郸龙王庙	5.2
挥发酚	10	10.0	0.000 3～0.005 8	卫河邯郸龙王庙	0.2
化学需氧量	10	40.0	11.1～66	卫河邯郸龙王庙	2.3
总磷	10	40.0	0.067～0.345	卫河邯郸龙王庙	0.7
氟化物	10	10.0	0.51～1.72	卫河邯郸龙王庙	0.7

5.2.12 边界河流

5.2.12.1 中俄

2011 年，黑龙江（界河）为轻度污染，主要污染指标为高锰酸盐指数。监测的 5 个国控断面中，Ⅱ类和Ⅲ类水质断面各 1 个，Ⅳ类水质断面 3 个。与上年相比，水质无明显变化。

额尔古纳河（界河）为轻度污染，主要污染指标为化学需氧量。与上年相比，水质无明显变化。

乌苏里江（界河）为轻度污染，主要污染指标为石油类。与上年相比，水质有所下降。

5.2.12.2 中朝

2011 年，图们江（界河）为重度污染，主要污染指标为高锰酸盐指数、总磷和石油类。监测的 5 个国控断面中，Ⅲ类、Ⅳ类和Ⅴ类水质断面各 1 个，劣Ⅴ类水质断面 2 个。与上年相比，图们断面水质由Ⅴ类变为劣Ⅴ类，水质有所下降。

鸭绿江（界河）水质为优，监测的 6 个国控断面均为Ⅱ类水质。与上年相比，水质无明显变化。

5.2.12.3 中蒙

2011 年，克鲁伦河（入境河流）为中度污染，主要污染指标为化学需氧量和总磷。与上年相比，水质无明显变化。

5.2.12.4 中哈

2011 年，额尔齐斯河（出境河流）水质为优。监测的 4 个国控断面均为Ⅱ类水质。与上年相比，Ⅰ～Ⅲ类水质断面比例提高25.0个百分点，劣Ⅴ类水质断面比例持平，水质有所好转。

伊犁河（出境河流）水质为优。监测的5个国控断面均为Ⅱ类水质。与上年相比，水质无明显变化。

5.2.12.5 中印

2011年，雅鲁藏布江（出境河流）水质为优。监测的2个国控断面均为Ⅱ类水质。与上年相比，水质无明显变化。

5.2.12.6 中缅

2011年，南畹江（出境河流）、怒江（出境河流）和澜沧江（出境河流）水质均为良好。与上年相比，各监测的国控断面水质均由Ⅱ类变为Ⅲ类，水质有所下降。

瑞丽江和大盈江水质为优。与上年相比，水质无明显变化。

5.2.12.7 中越

2011年，元江（出境河流）水质良好。与上年相比，各监测的国控断面水质均由劣Ⅴ类变为Ⅲ类，水质明显好转。

5.3 湖泊（水库）水质

2011年，监测项目齐全的26个国控重点湖泊（水库）（兴凯湖和石门水库因监测项目不全，未参与统计）中，Ⅰ～Ⅲ类、Ⅳ～Ⅴ类和劣Ⅴ类水质的湖泊（水库）分别占42.3%、50.0%和7.7%。主要污染指标为总磷和化学需氧量。其中，太湖为Ⅳ类水质，巢湖为Ⅴ类水质，滇池为劣Ⅴ类水质。大型水库水质好于大型淡水湖泊和城市内湖。

表5-24 2011年重点湖泊（水库）水质类别统计

分类	个数	Ⅰ类	Ⅱ类	Ⅲ类	Ⅳ类	Ⅴ类	劣Ⅴ类	主要污染指标
三湖	3	0	0	0	1	1	1	总磷、化学需氧量
大型淡水湖	9	0	0	1	4	3	1	
城市内湖	5	0	0	2	3	0	0	
大型水库	9	1	4	3	1	0	0	
总计	26	1	4	6	9	4	2	
比例/%		3.8	15.4	23.1	34.6	15.4	7.7	

三湖：指太湖、巢湖和滇池。

26个国控重点湖泊（水库）中，营养状态为中度富营养、轻度富营养和中营养的湖泊（水库）分别占7.7%、46.1%和46.2%。

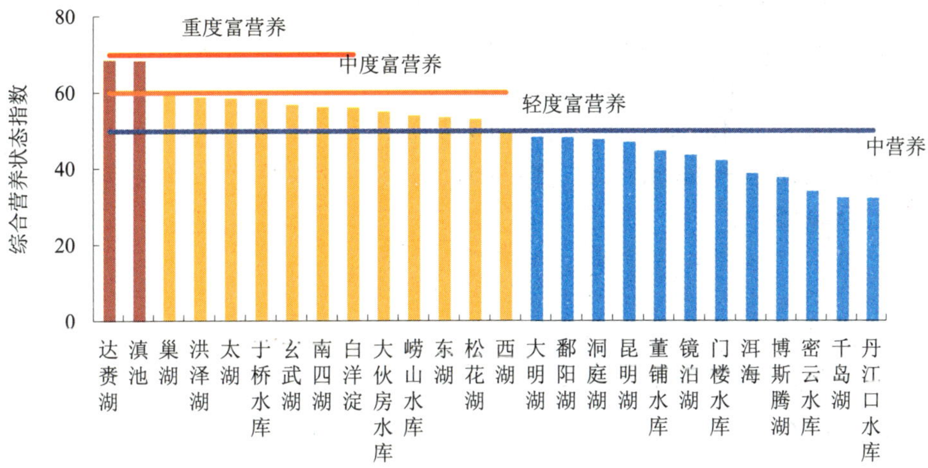

图 5-29　2011 年重点湖泊（水库）营养状态

湖泊（水库）营养状态根据综合营养状态指数及其分级标准进行评价。综合营养状态评价指标为叶绿素 a（chla）、总磷（TP）、总氮（TN）、透明度（SD）和高锰酸盐指数（COD_{Mn}）5 项，具体计算方法及分级标准如下：

Ⅰ. 综合营养状态指数计算公式为：

$$TLI_{(\Sigma)} = \sum_{j=1}^{m} W_j \cdot TLI(j)$$

式中：$TLI_{(\Sigma)}$ 为综合营养状态指数；W_j 为第 j 种参数的营养状态指数的相关权重；$TLI(j)$ 为第 j 种参数的营养状态指数。

以叶绿素 a（chla）作为基准参数，则第 j 种参数的归一化的相关权重计算公式为：

$$W_j = \frac{r_{ij}^2}{\sum_{j=1}^{m} r_{ij}^2}$$

式中：r_{ij} 为第 j 种参数与基准参数叶绿素 a 的相关系数；m 为评价参数的个数。

湖泊（水库）叶绿素 a 与其他参数之间的相关关系 r_{ij} 及 r_{ij}^2 见表。

湖泊（水库）水质部分参数与 chla 的相关关系 r_{ij} 及 r_{ij}^2 及值

参数	chla	TP	TN	SD	COD_{Mn}
r_{ij}	1	0.84	0.82	−0.83	0.83
r_{ij}^2	1	0.7056	0.6724	0.6889	0.6889

Ⅱ. 营养状态指数计算公式为：

(1) TLI (chl) =10 (2.5+1.086lnchl)

（2）TLI（TP）=10（9.436+1.624lnTP）

（3）TLI（TN）=10（5.453+1.694lnTN）

（4）TLI（SD）=10（5.118−1.94lnSD）

（5）TLI（COD_{Mn}）=10（0.109+2.661lnCOD）

式中：叶绿素 a 单位为 mg/m^3，透明度（SD）单位为 m；其他指标单位均为 mg/L。

Ⅲ. 营养状态分级：

TLI $_{(\Sigma)}$ <30　　贫营养

30≤TLI $_{(\Sigma)}$ ≤50　　中营养

TLI $_{(\Sigma)}$ >50　　富营养

50<TLI $_{(\Sigma)}$ ≤60　　轻度富营养

60<TLI $_{(\Sigma)}$ ≤70　　中度富营养

TLI $_{(\Sigma)}$ >70　　重度富营养

注：未尽事宜见环境保护部办公厅文件《关于印发〈地表水环境质量评价办法（试行）〉的通知》（环办[2011]22号）。

5.3.1 太湖

5.3.1.1 湖体

2011年，太湖湖体水质总体为Ⅳ类，主要污染指标为总磷和化学需氧量。与上年相比，水质无明显变化。高锰酸盐指数年均浓度符合地表水III类水质标准，总磷符合Ⅳ类标准，总氮为劣Ⅴ类。西部沿岸区为Ⅴ类水质，五里湖、梅梁湖、东部沿岸区和湖心区均为Ⅳ类水质。与上年相比，水质均无明显变化。

湖体总体为轻度富营养状态。其中，五里湖、梅梁湖、东部沿岸区和湖心区均为轻度富营养状态，西部沿岸区为中度富营养状态。与上年相比，营养状态无明显变化。

表 5-25　2011 年太湖水质状况汇总

湖区	高锰酸盐指数/（mg/L）	总磷/（mg/L）	总氮/（mg/L）	叶绿素 a/（mg/L）	综合营养状态指数	营养状态	2011 年水质	2010 年水质
五里湖	4.2	0.058	1.08	0.023	55.2	轻度富营养	Ⅳ	Ⅳ
梅梁湖	4.7	0.070	2.14	0.028	59.0	轻度富营养	Ⅳ	Ⅳ
西部沿岸区	5.0	0.125	3.44	0.025	62.8	中度富营养	Ⅴ	Ⅴ
东部沿岸区	3.2	0.048	1.78	0.016	53.2	轻度富营养	Ⅳ	Ⅳ
湖心区	4.1	0.062	2.05	0.018	56.4	轻度富营养	Ⅳ	Ⅳ
全湖平均	4.4	0.079	2.37	0.022	58.5	轻度富营养	Ⅳ	Ⅳ

5.3.1.2 环湖河流

2011 年，太湖环湖河流总体为轻度污染，主要污染指标为氨氮、化学需氧量和五日生化需氧量。87 个国控断面中，Ⅰ～Ⅲ类、Ⅳ～Ⅴ类和劣Ⅴ类水质断面比例分别为 35.6%、56.3%和 8.1%。与上年相比，水质无明显变化。

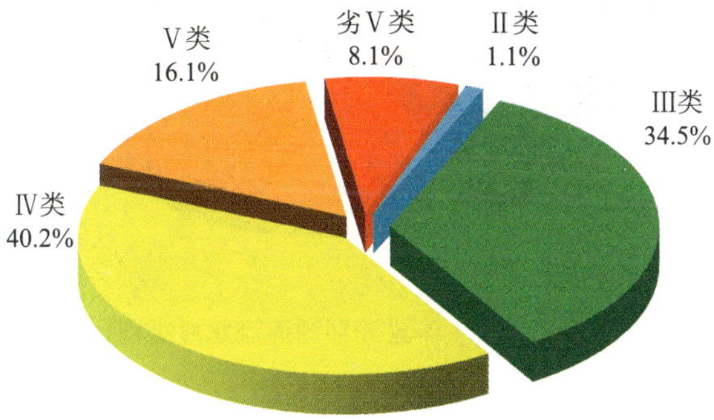

图 5-30　2011 年太湖环湖河流水质类别比例

5.3.2 巢湖

5.3.2.1 湖体

2011 年，巢湖湖体水质总体为Ⅴ类，主要污染指标为总磷、石油类和化学需氧量。与上年相比，湖体水质由Ⅳ类变为Ⅴ类，水质有所下降。高锰酸盐指数年均浓度符合地表水Ⅲ类水质标准，总磷符合Ⅴ类标准，总氮为劣Ⅴ类。巢湖东半湖为Ⅳ类水质，西半湖为Ⅴ类水质。

湖体总体为轻度富营养状态。其中，东半湖为轻度富营养状态，西半湖为中度富营养状态。与上年相比，营养状态无明显变化。

表 5-26　2011 年巢湖水质状况汇总

湖区	高锰酸盐指数/（mg/L）	总磷/（mg/L）	总氮/（mg/L）	叶绿素 a/（mg/L）	综合营养状态指数	营养状态	2011 年水质	2010 年水质
西半湖	5.1	0.162	3.10	0.032	63.7	中度富营养	Ⅴ	Ⅴ
东半湖	4.1	0.091	0.96	0.006	52.3	轻度富营养	Ⅳ	Ⅳ
全湖平均	4.6	0.126	2.03	0.020	59.5	轻度富营养	Ⅴ	Ⅳ

5.3.2.2 环湖河流

2011 年，巢湖环湖河流总体为重度污染，主要污染指标为石油类、总磷和氨氮。12 个国控断面中，Ⅲ类、Ⅳ类和劣Ⅴ类水质断面比例分别为 8.3%、41.7%和 50.0%。与上年相比，Ⅰ～Ⅲ类水质断面比例降低 25.0 个百分点，劣Ⅴ类水质断面比例持平，水质明显下降。

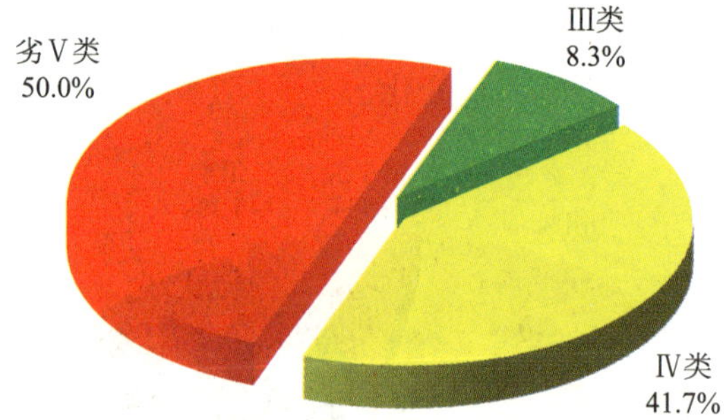

图 5-31　2011 年巢湖环湖河流水质类别比例

5.3.3　滇池

5.3.3.1　湖体

2011 年，滇池湖体水质总体为劣Ⅴ类，主要污染指标为化学需氧量和总磷。与上年相比，水质无明显变化。草海、外海均为劣Ⅴ类水质。草海高锰酸盐指数年均浓度符合地表水Ⅳ类水质标准，总氮和总磷为劣Ⅴ类；外海高锰酸盐指数和总磷符合地表水Ⅴ类水质标准，总氮为劣Ⅴ类。

湖体总体为中度富营养状态。草海和外海均为中度富营养状态。与上年相比，草海、外海均由重度富营养状态好转为中度富营养状态。

表 5-27　2011 年滇池水质状况汇总

湖区	高锰酸盐指数/（mg/L）	总磷/（mg/L）	总氮/（mg/L）	叶绿素 a/（mg/L）	综合营养状态指数	营养状态	2011 年水质	2010 年水质
草海	8.9	0.232	5.82	0.100	69.2	中度富营养	劣Ⅴ	劣Ⅴ
外海	11.0	0.161	2.88	0.072	68.0	中度富营养	劣Ⅴ	劣Ⅴ

5.3.3.2　环湖河流

2011 年，滇池环湖河流总体为轻度污染，主要污染指标为化学需氧量、总磷和五日生化需氧量。8 个国控断面中，Ⅱ类、Ⅳ～Ⅴ类和劣Ⅴ类水质断面比例分别为 12.5%、75.0% 和 12.5%。与上年相比，Ⅰ～Ⅲ类水质断面比例降低 12.5 个百分点，劣Ⅴ类水质断面比例降低 37.5 个百分点，水质明显好转。

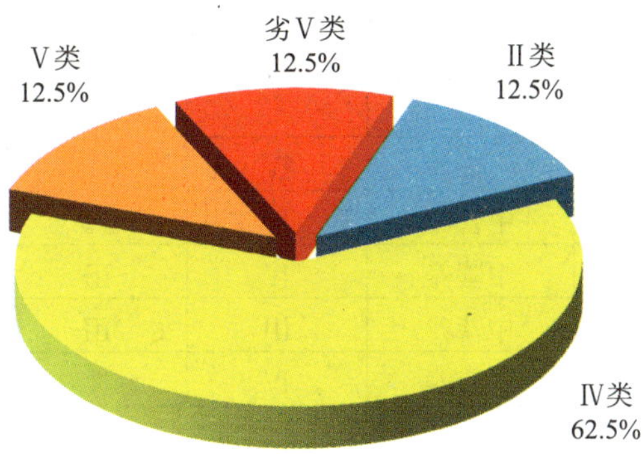

图 5-32　2011 年滇池环湖河流水质类别比例

5.3.4　其他大型淡水湖泊

2011 年，监测的 9 个国控大型淡水湖泊中，洱海为III类水质，鄱阳湖、洞庭湖、镜泊湖和博斯腾湖为IV类水质，洪泽湖、南四湖和白洋淀为V类水质，达赉湖为劣V类水质。主要污染指标为化学需氧量、总磷和氨氮。与上年相比，白洋淀由劣V类变为V类，鄱阳湖由V类变为IV类，水质有所好转；镜泊湖由III类变为IV类，水质有所下降；其他大型淡水湖水质无明显变化。

鄱阳湖、洞庭湖、镜泊湖、洱海和博斯腾湖为中营养状态，洪泽湖、南四湖和白洋淀为轻度富营养状态，达赉湖为中度富营养状态。

鄱阳湖 4 个国控点位中，III类水质点位 2 个，IV类和V类水质点位各 1 个，主要污染指标为总磷。高锰酸盐指数年均浓度为 3.2 毫克/升，满足地表水III类水质标准；总磷年均浓度为 0.06 毫克/升，总氮年均浓度为 1.21 毫克/升，均为IV类。与上年相比，营养状态由轻度富营养好转为中营养。

洞庭湖 12 个国控点位中，IV类和V类水质点位分别为 11 个和 1 个，主要污染指标为总磷。高锰酸盐指数年均浓度为 2.0 毫克/升，满足地表水III类水质标准；总磷年均浓度为 0.08 毫克/升，为IV类；总氮年均浓度为 1.74 毫克/升，为V类。与上年相比，营养状态由轻度富营养好转为中营养。

洪泽湖 6 个国控点位均为V类水质，主要污染指标为总磷。高锰酸盐指数年均浓度为 4.8 毫克/升，满足地表水III类水质标准；总磷年均浓度为 0.14 毫克/升，为V类；总氮年均浓度为 2.12 毫克/升，为劣V类。营养状态为轻度富营养，与上年相比，无明显变化。

表 5-28　2011 年大型淡水湖泊水质状况汇总

湖库名称	综合营养状态指数	营养状态	2011 年水质	2010 年水质	主要污染指标（超标倍数）
达赉湖	68.6	中度富营养	劣V	劣V	化学需氧量（5.4）、总磷（5.2）、氟化物（3.1）
洪泽湖	58.8	轻度富营养	V	V	总磷（1.9）
南四湖	56.2	轻度富营养	V	V	总磷（1.3）、化学需氧量（0.2）

湖库名称	综合营养状态指数	营养状态	2011 年水质	2010 年水质	主要污染指标（超标倍数）
白洋淀	56.1	轻度富营养	V	劣V	总磷（2.1）、氨氮（0.9）、化学需氧量（0.3）
鄱阳湖	48.3	中营养	Ⅳ	V	总磷（0.2）
洞庭湖	47.8	中营养	Ⅳ	Ⅳ	总磷（0.7）
镜泊湖	43.7	中营养	Ⅳ	Ⅲ	总磷（0.5）
洱海	38.9	中营养	Ⅲ	Ⅲ	—
博斯腾湖	37.8	中营养	Ⅳ	Ⅳ	化学需氧量（0.3）

5.3.5 城市内湖

2011 年，监测的 5 个城市内湖中，西湖（杭州）和大明湖（济南）为Ⅲ类水质，玄武湖（南京）、东湖（武汉）和昆明湖（北京）为Ⅳ类水质。主要污染指标为总磷和五日生化需氧量。与上年相比，昆明湖水质由Ⅲ类变为Ⅳ类，水质有所下降；其他 4 个城市内湖水质均无明显变化。

大明湖和昆明湖为中营养状态，西湖、东湖和玄武湖为轻度富营养状态。

表 5-29　2011 年城市内湖水质状况汇总

湖泊名称	综合营养状态指数	营养状态	2011 年水质	2010 年水质	主要污染指标（超标倍数）
玄武湖	56.8	轻度富营养	Ⅳ	Ⅳ	总磷（0.7）、BOD_5（0.1）
东湖	53.5	轻度富营养	Ⅳ	Ⅳ	总磷（0.5）
西湖	50.3	轻度富营养	Ⅲ	Ⅲ	—
大明湖	48.4	中营养	Ⅲ	Ⅲ	—
昆明湖	47.1	中营养	Ⅳ	Ⅲ	总磷（0.4）

5.3.6 大型水库

2011 年，监测的 9 座大型水库中，千岛湖（浙江）为Ⅰ类水质，大伙房水库（辽宁）、门楼水库（山东）、密云水库（北京）和丹江口水库（湖北、河南）为Ⅱ类水质，于桥水库（天津）、崂山水库（山东）和董铺水库（安徽）为Ⅲ类水质，松花湖（吉林）为Ⅳ类水质。与上年相比，大伙房水库由Ⅲ类变为Ⅱ类，水质有所好转；其他 8 座大型水库水质无明显变化。

董铺水库、门楼水库、密云水库、千岛湖和丹江口水库为中营养状态，于桥水库、大伙房水库、崂山水库和松花湖为轻度富营养状态。

表 5-30　2011 年大型水库水质状况汇总

湖库名称	综合营养状态指数	营养状态	2011 年水质	2010 年水质	主要污染指标（超标倍数）
于桥水库	58.4	轻度富营养	III	III	—
大伙房水库	55.0	轻度富营养	II	III	—
崂山水库	54.0	轻度富营养	III	III	—
松花湖	53.0	轻度富营养	IV	IV	总磷（0.5）
董铺水库	44.8	中营养	III	III	—
门楼水库	42.3	中营养	II	II	—
密云水库	34.2	中营养	II	II	—
千岛湖	32.5	中营养	I	II	—
丹江口水库	32.4	中营养	II	II	—

5.4　环保重点城市集中式饮用水源地水质

2011 年，全国 113 个环保重点城市共监测 389 个集中式饮用水源地，其中，地表水源地 238 个，地下水源地 151 个。监测结果表明，环保重点城市年取水总量为 227.3 亿吨，服务人口 1.63 亿。达标水量为 206.0 亿吨，占 90.6%。与上年相比，达标率提高 2.2 个百分点。

地表水饮用水源地中有 212 个 100%达标，占 89.1%。26 个地表水饮用水源地存在不同程度超标，主要污染指标为总磷、锰和氨氮，总磷和氨氮主要受生活污水和农业、养殖业影响，经水厂处理和消毒后可保证供水水质达标。

地下水饮用水源地中有 136 个 100%达标，占 90.1%。15 个地下水饮用水源地存在不同程度超标，超标项目为总硬度、铁和硫酸盐，主要是受地质条件影响，与人为污染无关。

环保重点城市中，91 个城市饮用水源水质 100%达标，占 80.5%；10 个城市达标率介于 80%～99%，占 8.9%；4 个城市达标率介于 50%～79%，占 3.6%；4 个城市达标率介于 1%～49%，占 3.5%；4 个城市达标率为 0，占 3.5%。与上年相比，抚顺、柳州和湘潭水质好转，包头和德阳水质变差。

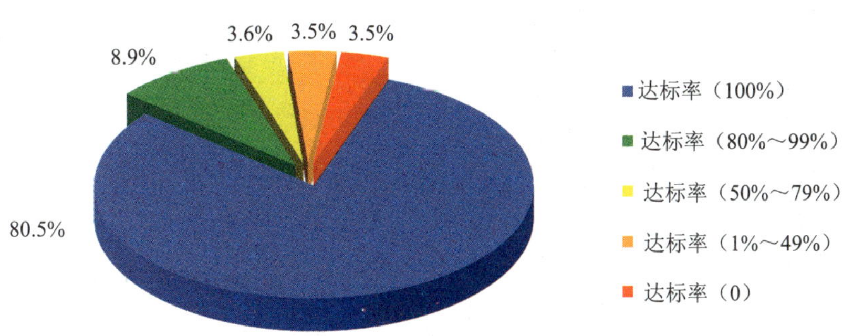

图 5-33　2011 年环境保护重点城市饮用水源地水质达标情况

环保重点城市集中式饮用水源地水质评价标准为《地表水环境质量标准》（GB 3838—2002）和《地下水质量标准》（GB/T 14848—93）。采用单因子评价法，分为达标、不达标两类，水源地水质监测项目中若有一项超出标准限值不达标，则该水源地水质不达标。地表水饮用水源地水质评价执行环境保护部办公厅文件《关于印发〈地表水环境质量评价办法（试行）〉的通知》（环办[2011]22 号），其中粪大肠菌群和总氮作为参考指标单独评价，不参与总体水质评价。

6

近岸海域水质

6.1 近岸海域海水水质

2011 年，全国近岸海域水质总体一般，水质状况与上年相同。四大海区近岸海域中，黄海水质良好，南海水质一般，渤海和东海水质差；9 个重要海湾中，黄河口和北部湾水质良好，胶州湾和辽东湾水质差，渤海湾、长江口、杭州湾、闽江口和珠江口水质极差。

近岸海域水质评价标准为《海水水质标准》(GB 3097—1997)和《近岸海域环境监测规范》(HJ 442—2008)。评价指标为 pH、溶解氧、化学需氧量、五日生化需氧量、无机氮、非离子氨、活性磷酸盐、汞、镉、铅、六价铬、总铬、砷、铜、锌、硒、镍、氰化物、硫化物、挥发性酚、石油类、六六六、滴滴涕、马拉硫磷、甲基对硫磷、苯并（a）芘、阴离子表面活性剂和大肠菌群共 28 项。2010 年及以前的报告中近岸海域水质评价指标为无机氮、活性磷酸盐、石油类、化学需氧量、铅、铜、汞、镉、pH、溶解氧和非离子氨共 11 项。本报告中涉及的 2010 年数据已做相应调整。

采用单因子评价法，即某一测点海水中任一评价指标超过一类海水标准，该测点水质即为二类，超过二类海水标准即为三类，依此类推。

海水水质状况分级

水质类别比例	水质状况
一类≥60%且一、二类≥90%	优
一、二类≥80%	良好
一、二类≥60%且劣四类≤30%；或一、二类＜60%且一至三类≥90%	一般
一、二类＜60%且劣四类≤30%；或 30%＜劣四类≤40%；或一、二类＜60%且一至四类≥90%	差
劣四类＞40%	极差

海水超标率计算统一按照《海水水质标准》（GB 3097—1997）中的二类海水标准值计算。

全国主要污染指标按单项超标点位数占全部超标点位数 10%以上确定，区域主要污染指标按点位超标率 5%以上的前三位确定。

6.1.1 总体水质

2011 年，近岸海域监测面积共 281 012 千米 ^{2}，其中一类海水面积为 64 809 千米 ^{2}，二类为 120 739 千米 ^{2}，三类为 39 127 千米 ^{2}，四类为 18 008 千米 ^{2}，劣四类为 38 329 千米 ^{2}。

按照监测点位计算，2011 年，近岸海域一、二类海水点位比例为 62.8%，比上年提高 0.3 个百分点；三、四类海水点位比例为 20.3%，比上年提高 1.6 个百分点；劣四类海水点位比例为 16.9%，比上年降低 1.9 个百分点。影响我国近岸海域水质的主要污染指标依然是无机氮和活性磷酸盐，部分海域 pH、石油类、铅、阴离子表面活性剂、化学需氧量、铜、溶解氧、镉、锌、非离子氨、生化需氧量和镍超标。

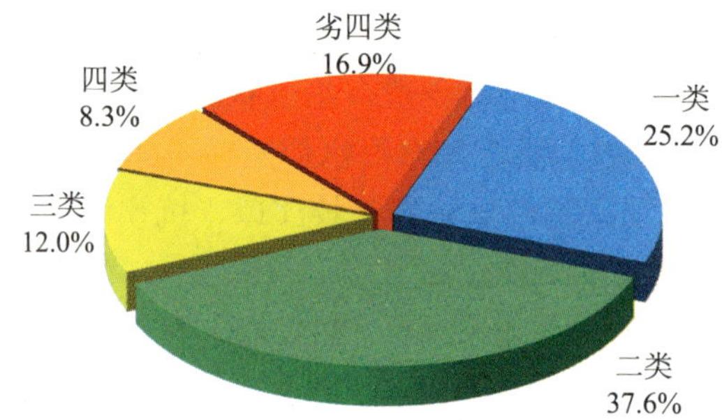

图 6-1　2011 年全国近岸海域海水水质类别比例

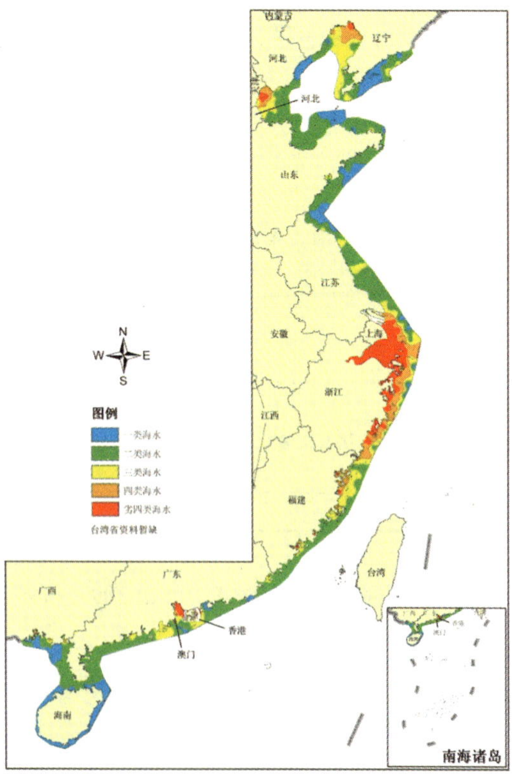

图 6-2　2011 年全国近岸海域水质分布示意图

6.1.2 四大海区近岸海域

渤海 近岸海域水质差，水质状况与上年相同，主要污染指标为无机氮、铅和石油类。一、二类海水点位占 57.1%，比上年提高 2.0 个百分点；三、四类占 32.7%，比上年提高 2.1 个百分点；劣四类占 10.2%，比上年降低 4.1 个百分点。

黄海 近岸海域水质良好，水质状况与上年相同，主要污染指标为无机氮、pH 和石油类。一、二类海水点位占 83.3%，比上年降低 3.8 个百分点；三、四类占 16.7%，比上年提高 5.6 个百分点；无劣四类海水点位，比上年降低 1.9 个百分点。

东海 近岸海域水质差，水质状况优于上年，主要污染指标为无机氮和活性磷酸盐。一、二类海水点位占 36.9%，比上年提高 4.2 个百分点；三、四类占 23.1%，与上年持平；劣四类占 40.0%，比上年降低 4.2 个百分点。

南海 近岸海域水质一般，水质状况劣于上年，主要污染指标为无机氮和 pH。一、二类海水点位占 78.6%，比上年降低 2.4 个百分点；三、四类占 13.6%，比上年提高 0.6 个百分点；劣四类占 7.8%，比上年上升 1.8 个百分点。

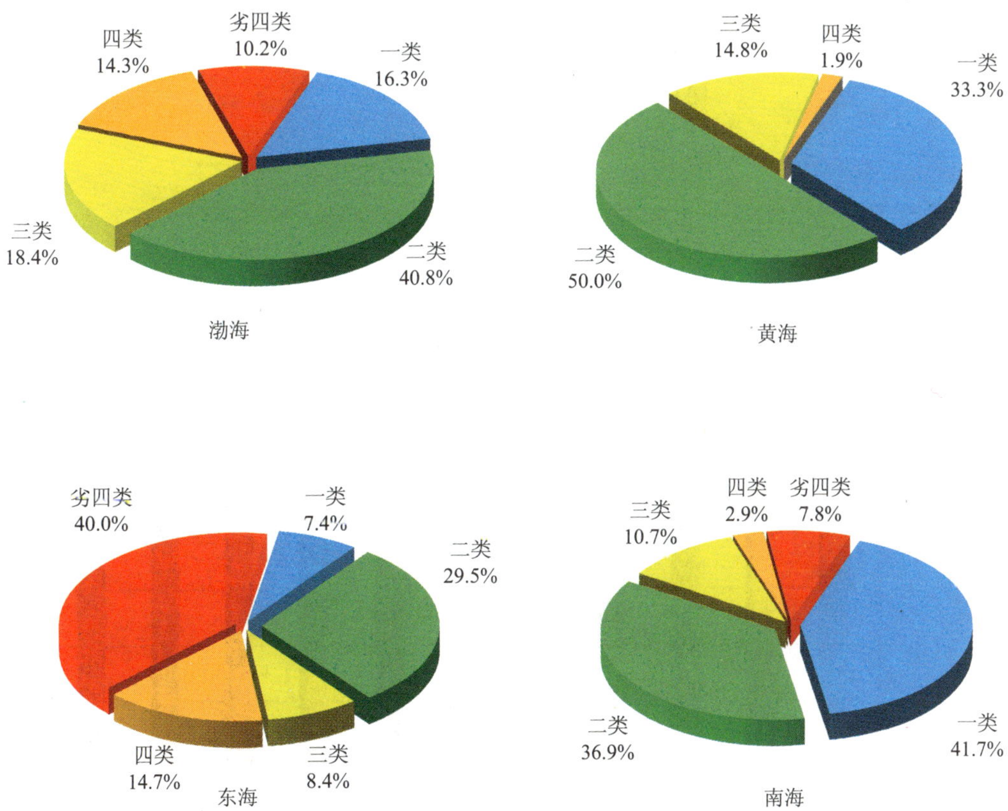

图 6-3 2011 年四大海区近岸海域水质状况

6.1.3 重要海湾

2011 年，沿海 9 个重要海湾中，黄河口和北部湾水质良好，一、二类海水点位比例均超过 80%；胶州湾和辽东湾水质差，胶州湾三、四类海水点位比例为 50.0%，无劣四类海水点位，辽东湾劣四类海水点位比例为 33.3%；渤海湾、长江口、杭州湾、闽江口和珠江口水质极差，劣四类海水点位比例均超过 40%。与上年相比，黄河口、胶州湾和北部湾水质变差，其他海湾水质状况无变化。

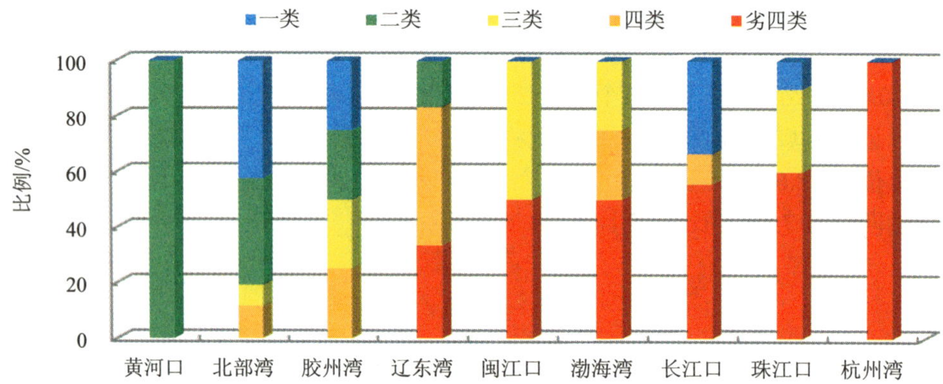

图 6-4　2011 年重要海湾水质状况

6.1.4 沿海省（自治区、直辖市）近岸海域

2011 年，沿海省（自治区、直辖市）中，海南近岸海域水质优，河北、山东、江苏和广西近岸海域水质良好，福建和广东近岸海域水质一般，辽宁和天津近岸海域水质差，上海和浙江近岸海域水质极差。

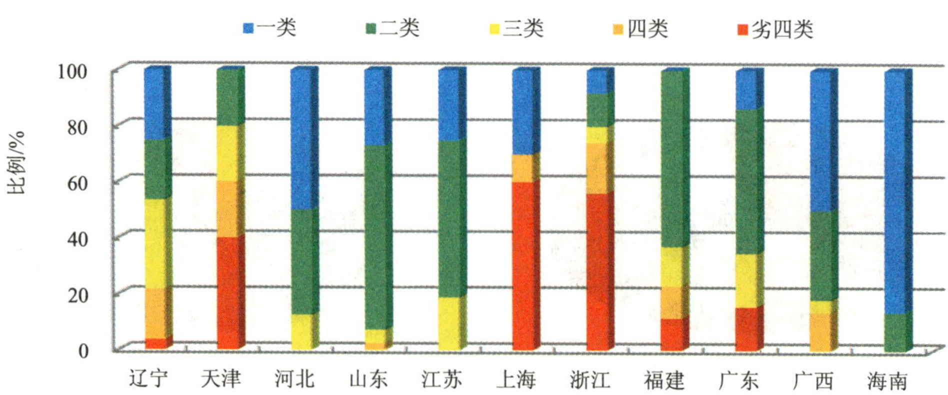

图 6-5　2011 年沿海省（自治区、直辖市）近岸海域水质状况

辽宁 近岸海域水质差，水质状况劣于上年。主要污染指标为 pH、无机氮、铅、铜、镉和锌。一、二类海水点位占 46.4%，比上年降低 21.4 个百分点；三、四类占 50.0%，比上年提高 21.4 个百分点；劣四类占 3.6%，与上年持平。

河北 近岸海域水质良好，水质状况优于上年。主要污染指标为无机氮和化学需氧量。一、二类海水点位占 87.5%，比上年提高 12.5 个百分点；三类占 12.5%，比上年降低 12.5 个百分点。

天津 近岸海域水质差，水质状况优于上年。主要污染指标为无机氮、铅、石油类和活性磷酸盐。二类海水点位占 20.0%，比上年提高 20.0 个百分点；三、四类占 40.0%，与上年持平；劣四类占 40.0%，比上年降低 20.0 个百分点。

山东 近岸海域水质良好，水质状况与上年相同。主要污染指标为无机氮和石油类。一、二类海水点位占 92.7%，比上年降低 2.4 个百分点；三、四类占 7.3%，比上年提高 4.8 个百分点；无劣四类海水点位，比上年降低 2.4 个百分点。

江苏 近岸海域水质良好，水质状况优于上年。主要污染指标为无机氮。一、二类海水点位占 81.2%，比上年提高 18.7 个百分点；三类占 18.8%，比上年降低 6.2 个百分点；无四类和劣四类海水点位，四类比上年降低 12.5 个百分点。

上海 近岸海域水质极差，水质状况与上年相同。主要污染指标为无机氮和活性磷酸盐。一类海水点位占 30.0%，比上年提高 30.0 个百分点；四类占 10.0%，比上年提高 10.0 个百分点；劣四类占 60.0%，比上年降低 20.0 个百分点；无二类和三类海水点位，三类比上年降低 20.0 个百分点。

浙江 近岸海域水质极差，水质状况与上年相同。主要污染指标为无机氮和活性磷酸盐。一、二类海水点位占 20.0%，比上年提高 8.0 个百分点；三、四类占 24.0%，比上年降低 4.0 个百分点；劣四类占 56.0%，比上年降低 4.0 个百分点。

福建 近岸海域水质一般，水质状况与上年相同。主要污染指标为无机氮和活性磷酸盐。二类海水点位占 62.9%，比上年降低 8.5 个百分点；三、四类占 25.7%，比上年提高 8.5 个百分点；劣四类占 11.4%，与上年持平。

广东 近岸海域水质一般，水质状况与上年相同。主要污染指标为无机氮和 pH。一、二类海水点位占 65.4%，比上年降低 7.7 个百分点；三类占 19.2%，比上年提高 3.8 个百分点；劣四类占 15.4%，比上年上升 3.9 个百分点。

广西 近岸海域水质良好，水质状况劣于上年。主要污染指标为无机氮。一、二类海水点位占 81.9%，比上年降低 9.0 个百分点；三、四类占 18.1%，比上年提高 9.0 个百分点。

海南 近岸海域水质优，水质状况与上年相同。一类海水点位占 86.2%，比上年提高 9.3 个百分点；二类占 13.8%，比上年降低 9.3 个百分点。

6.1.5 沿海城市近岸海域

全国 56 个沿海城市中，秦皇岛、揭阳、惠州、三亚、文昌、琼海、陵水、东方、昌江、儋州、万宁和澄迈 12 个城市近岸海域水质优；青岛、莆田、连云港、威海、湛江、唐山、滨州、东营、潍坊、南通、漳州、汕尾、江门、茂名、临高、烟台、防城港、葫芦岛、日照、海口和泉州 21 个城市近岸海域水质良好；丹东、大连、沧州、盐城、汕头、珠海、阳江、钦州和北海 9 个城市近岸海域水质一般；营口、锦州、宁德、福州、厦门、温州和天津 7 个城市近岸海域水质差；盘锦、上海、嘉兴、舟山、宁波、台州和深圳 7 个城市近岸海域水质极差。

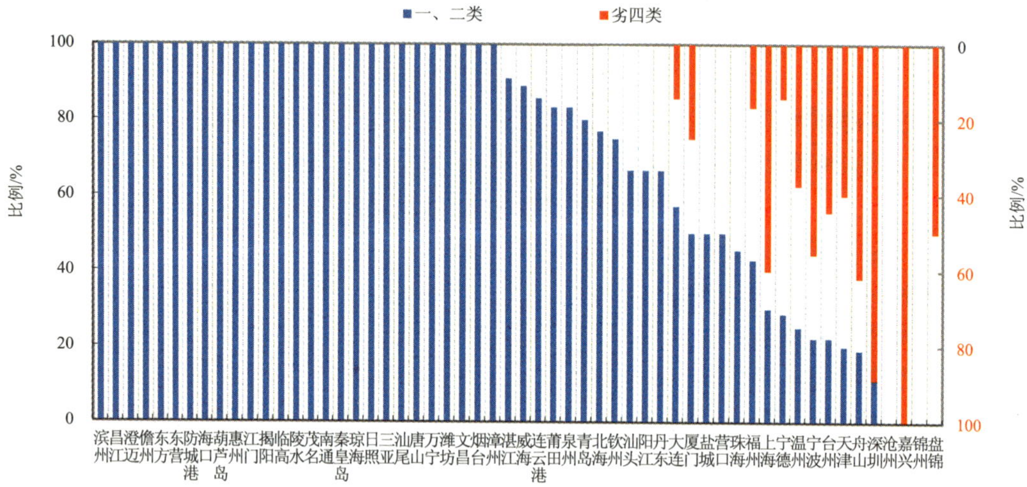

图 6-6　2011 年沿海城市海水水质状况

6.1.6　海水浴场水质状况

2011 年，对 26 个海水浴场开展了 351 个次监测。水质为“优”的个次占 51.9%，比上年降低 4.2 个百分点；“良”的个次占 33.9%，比上年提高 11.1 个百分点；“一般”的个次占 12.3%，比上年降低 7.8 个百分点；“差”的个次占 1.9%，比上年上升 0.9 个百分点。主要污染指标为粪大肠菌群。

每周水质均为“优”的浴场有锦州孙家湾浴场、威海国际海水浴场、日照海水浴场、珠海飞沙滩浴场、三亚大东海和亚龙湾 6 个浴场。水质为“优”的比率超过 75.0%的浴场有大连棒棰岛和傅家庄浴场、深圳小梅沙海滨浴场、厦门黄厝浴场。水质出现差的浴场为厦门曾厝垵浴场、厦门鼓浪屿浴场和葫芦岛兴城海滨浴场，水质为差的比率分别为 30.8%、15.4%和 7.7%。

6.2　近岸海域海水主要污染指标

2011 年，全国近岸海域主要污染指标依然是无机氮和活性磷酸盐，部分海域铅、pH、石油类、阴离子表面活性剂、化学需氧量、铜、溶解氧、镉、锌、非离子氨、生化需氧量和镍存在超标情况。汞、砷、大肠菌群、铬（六价）、总铬、硒（四价）、氰化物、硫化物、挥发酚、六六六、滴滴涕、马拉硫磷、甲基对硫磷、苯并（a）芘未见超标。

四大海区近岸海域中，渤海主要污染指标为无机氮、铅和石油类；东海主要污染指标为无机氮和活性磷酸盐；南海主要污染指标为无机氮；黄海水质良好，各监测指标点位超标率均低于10%。

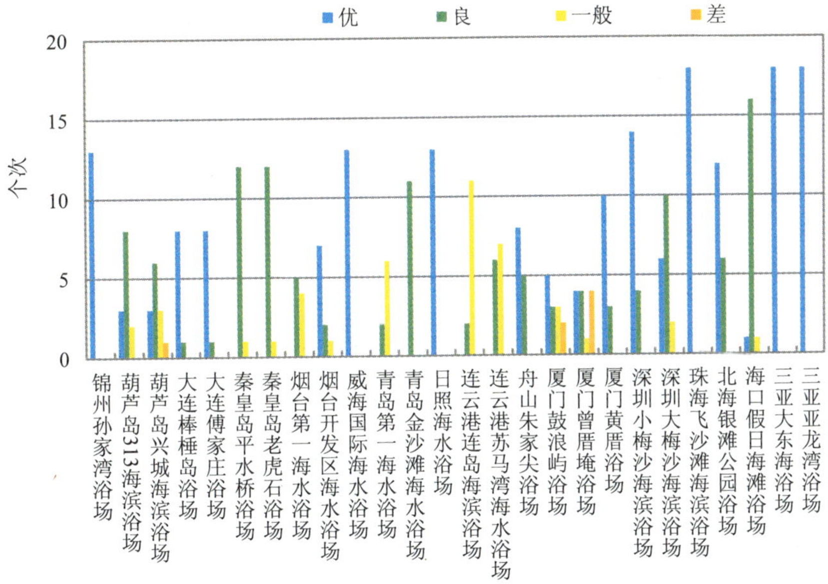

图6-7　2011年沿海城市海水浴场水质状况

表6-1　2011年近岸海域指标超标情况汇总

海区	主要污染指标（点位超标率）	其他污染指标（点位超标率）
全国	无机氮（29.6%）、活性磷酸盐（11.0%）	铅（5.3%）、pH（4.7%）、石油类（4.3%）、阴离子表面活性剂（2.0%）、化学需氧量（1.7%）、溶解氧（1.3%）、铜（1.3%）、镉（1.0%）、锌（1.0%）、非离子氨（0.3%）、生化需氧量（0.3%）、镍（0.3%）
渤海	无机氮（30.6%）、铅（26.5%）、石油类（12.2%）	pH（8.2%）、铜（8.2%）、镉（6.1%）、锌（6.1%）、活性磷酸盐（2.0%）、化学需氧量（2.0%）
黄海	无机氮（7.4%）、pH（5.6%）、石油类（5.6%）	—
东海	无机氮（61.0%）、活性磷酸盐（31.6%）	化学需氧量（3.2%）、pH（1.1%）、阴离子表面活性剂（1.1%）、生化需氧量（1.1%）
南海	无机氮（11.7%）、pH（7.8%）	阴离子表面活性剂（4.9%）、石油类（4.9%）、溶解氧（3.9%）、活性磷酸盐（1.9%）、化学需氧量（1.0%）、非离子氨（1.0%）、镍（1.0%）

6.2.1　营养盐

无机氮　无机氮在全国近岸海域超标普遍，点位超标率为29.6%。测值范围为未检出～2.438毫克/升，均值为0.274毫克/升。样品超标率为27.3%，最高值出现在嘉兴近岸海域，超过海水水质标准二类限值7.1倍。

四大海区近岸海域中，渤海平均浓度为0.252毫克/升，点位超标率为30.6%；黄海平均浓度为0.167毫克/升，点位超标率为7.4%；东海平均浓度为0.417毫克/升，点位超标率为 61.0%；南海平均浓度为 0.171 毫克/升，点位超标率为 11.7%。

按省（自治区、直辖市）统计，天津、浙江和上海近岸海域点位超标率超过 50%，福建、辽宁、广西、广东、河北和江苏近岸海域点位超标率为 10%～50%，山东和海南近岸海域点位超标率低于 10%。

沧州、盘锦、嘉兴、舟山、天津、台州、温州、宁德、上海、深圳、宁波、锦州、厦门和营口近岸海域点位超标率超过 50%，福州、汕头、钦州、盐城、北海、青岛、莆田、泉州和连云港近岸海域点位超标率为 10%～50%，其他沿海城市未超标。

与上年相比，全国近岸海域海水无机氮样品均值和样品超标率均有下降。

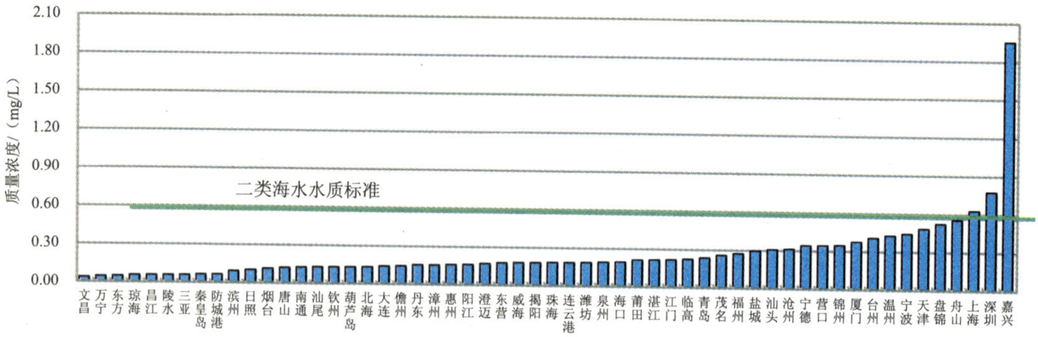

图 6-8　2011 年沿海城市近岸海域海水无机氮平均浓度

活性磷酸盐　活性磷酸盐在全国近岸海域超标较普遍，点位超标率为 11.0%。测值范围为未检出～0.139 毫克/升，均值为 0.014 毫克/升。样品超标率为 10.5%，最高值出现在深圳近岸海域，超过海水水质标准二类限值 3.6 倍。

四大海区近岸海域中，渤海平均浓度为 0.012 毫克/升，点位超标率为 2.0%；黄海平均浓度为 0.011 毫克/升，点位未超标；东海平均浓度为 0.022 毫克/升，点位超标率为 31.6%；南海平均浓度为 0.008 毫克/升，点位超标率为 1.9%。

按省（自治区、直辖市）统计，上海近岸海域点位超标率超过 50%，浙江、福建和天津近岸海域点位超标率为 10%～50%，广东、渤海、辽宁、广西、河北、江苏、山东和海南近岸海域点位超标率低于 10%。

嘉兴、上海和宁波近岸海域点位超标率超过 50%，温州、台州、宁德、厦门、舟山、深圳、泉州、福州和天津近岸海域点位超标率为 10%～50%，其他沿海城市未超标。

与上年相比，全国近岸海域海水活性磷酸盐样品均值和样品超标率均有下降。

6.2.2　有机污染

化学需氧量　全国近岸海域点位超标率为 1.7%。测值范围为未检出～6.50 毫克/升，均值为 0.99 毫克/升。样品超标率为 1.6%，最高值出现在嘉兴近岸海域，超过海水水质标准二类限值 1.2 倍。

四大海区近岸海域中，渤海平均浓度为 1.49 毫克/升，点位超标率为 2.0%；黄海平均浓度为 1.29 毫克/升，点位未超标；东海平均浓度为 0.86 毫克/升，点位超标率为 3.2%；

南海平均浓度为 0.85 毫克/升，点位超标率为 1.0%。

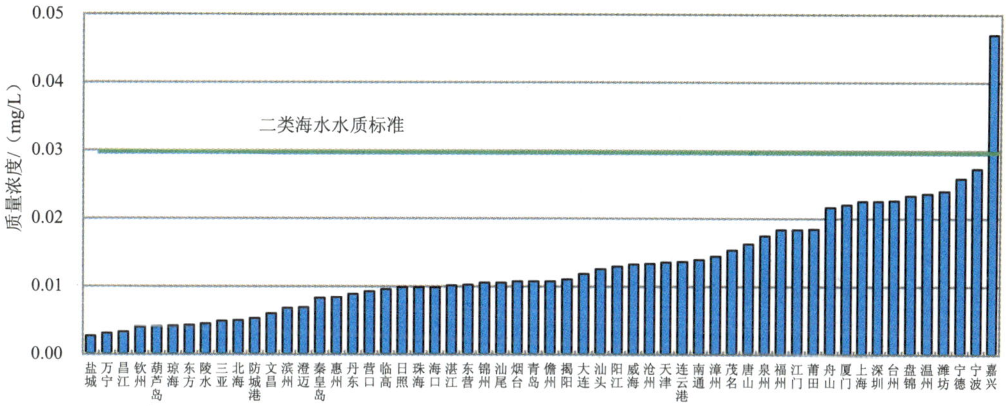

图 6-9　2011 年沿海城市近岸海域海水活性磷酸盐平均浓度

按省（自治区、直辖市）统计，河北、福建、东海、渤海、浙江和广东近岸海域点位超标率为 1.9%～12.5%，其他省份未超标。

沧州、嘉兴、阳江、泉州和福州近岸海域点位超标率为 14.3%～100%，其他沿海城市未超标。

与上年相比，全国近岸海域海水化学需氧量样品均值略有下降，样品超标率略有上升。

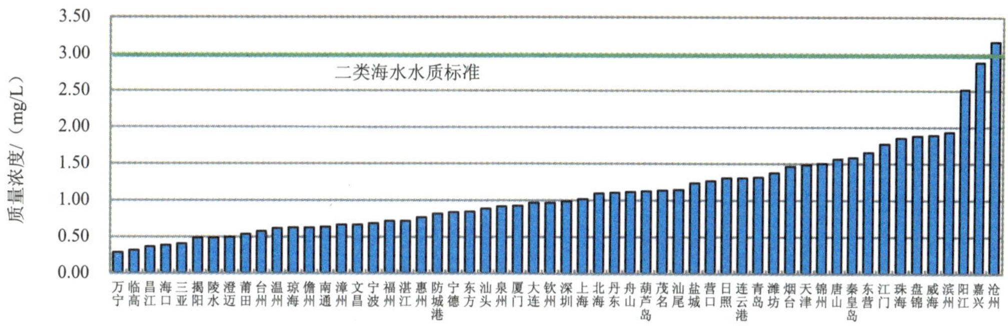

图 6-10　2011 年沿海城市近岸海域海水化学需氧量平均浓度

石油类　全国近岸海域点位超标率为 4.3%。测值范围为未检出~0.144 毫克/升，均值为 0.017 毫克/升。样品超标率为 3.7%，最高值出现在天津近岸海域，超过海水水质标准二类限值 1.9 倍。

四大海区近岸海域中，渤海平均浓度为 0.030 毫克/升，点位超标率为 12.2%；黄海平均浓度为 0.017 毫克/升，点位超标率为 5.6%；东海平均浓度为 0.011 毫克/升，点位未超标；南海平均浓度为 0.018 毫克/升，点位超标率为 4.9%。

按省（自治区、直辖市）统计，天津、广东、江苏和山东近岸海域点位超标率为 4.9%～60.0%，其他省份未超标。

天津、珠海、盐城、威海和青岛近岸海域点位超标率为 10.0%~60.0%，其他沿海城市未超标。

与上年相比，全国近岸海域海水石油类样品均值持平，样品超标率略有上升。

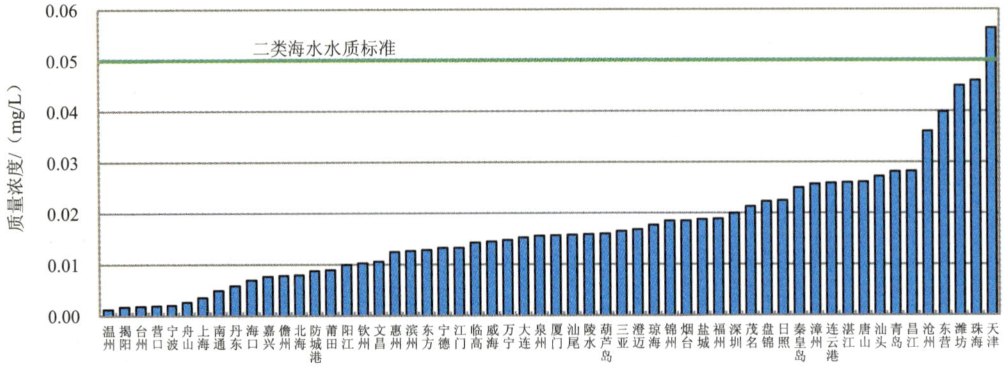

图 6-11　2011 年沿海城市近岸海域海水石油类平均浓度

6.2.3　重金属

镉（Cd）　全国近岸海域点位超标率为 1.0%。测值范围为未检出～10.0 微克/升，平均浓度为 0.20 微克/升。样品超标率为 0.7%。仅锦州近岸海域有镉年均值超标点位，点位超标率为 60.0%。

铅（Pb）　全国近岸海域点位超标率为 5.3%。测值范围为未检出～35.3 微克/升，平均浓度为 0.99 微克/升。样品超标率为 3.2%。仅锦州和天津近岸海域有铅年均值超标点位，点位超标率分别为 100.0%和 80.0%。

铜（Cu）　全国近岸海域点位超标率为 1.3%。测值范围为未检出～51.2 微克/升，平均浓度为 1.80 微克/升。样品超标率为 0.5%。仅锦州近岸海域有铜年均值超标点位，点位超标率为 80.0%。

锌（Zn）　全国近岸海域点位超标率为 1.0%。测值范围为未检出～ 152.4 微克/升，平均浓度为 8.30 微克/升。样品超标率为 1.0%。仅锦州近岸海域有锌年均值超标点位，点位超标率为 60.0%。

镍（Ni）　全国近岸海域点位超标率为 0.3%。测值范围为未检出～18.0 微克/升，平均浓度为 0.90 微克/升。样品超标率为 0.2%。仅湛江近岸海域有镍年均值超标点位，点位超标率为 9.1%。

汞（Hg）　测值范围为未检出～0.19 微克/升，平均浓度为 0.02 微克/升。所有点位均未超标。

六价铬（Cr^{6+}）　测值范围为未检出～2.00 微克/升，平均浓度为 1.59 微克/升。所有点位均未超标。

总铬（Cr）　测值范围为未检出～17.10 微克/升，平均浓度为 1.10 微克/升。所有点位均未超标。

砷（As）　测值范围为未检出～11.62 微克/升，平均浓度为 1.67 微克/升。所有点位均未超标。

硒（Se）　测值范围为未检出～14.50 微克/升，平均浓度为 0.44 微克/升。所有点位均未超标。

6.2.4 其他指标

pH 全国近岸海域点位超标率为4.7%。测值范围为6.82～8.72，样品超标率为3.3%。四大海区近岸海域中，渤海点位超标率为8.2%，黄海点位超标率为5.6%，东海点位超标率为1.1%，南海点位超标率为7.8%。

沿海省（自治区、直辖市）中，辽宁、广东、广西和福建近岸海域有pH年均值超标点位，超标率为2.9%～25.0%。沿海各城市中，珠海、大连、丹东、钦州、深圳和泉州近岸海域有pH年均值超标点位，超标率为16.7%～45.5%。

溶解氧 全国近岸海域点位超标率为1.3%。测值范围为2.3～13.2毫克/升，平均浓度为7.47毫克/升，样品超标率为1.2%。仅深圳近岸海域有溶解氧年均值超标点位，点位超标率为44.4%。

生化需氧量 全国近岸海域点位超标率为0.3%。测值范围为未检出～6.30毫克/升，平均浓度为0.93毫克/升，样品超标率为0.6%。仅福州近岸海域有生化需氧量年均值超标点位，点位超标率为14.3%。

非离子氨 全国近岸海域点位超标率为0.3%。测值范围为未检出～0.050毫克/升，平均浓度为0.002 1毫克/升，样品超标率为0.3%。仅深圳近岸海域有非离子氨年均值超标点位，点位超标率为11.1%。

阴离子表面活性剂 全国近岸海域点位超标率为2.0%。测值范围为未检出～0.280毫克/升，平均浓度为0.014毫克/升，样品超标率为1.7%。仅厦门和深圳近岸海域有阴离子表面活性剂年均值超标点位，点位超标率分别为55.6%和25.0%。

氰化物 测值范围为未检出～0.003毫克/升，平均浓度为0.001毫克/升。所有点位均未超标。

硫化物 测值范围为未检出～0.030毫克/升，平均浓度为0.003毫克/升。所有点位均未超标。

挥发性酚 测值范围为未检出～0.007毫克/升，平均浓度为0.001毫克/升。所有点位均未超标。

六六六 测值范围为未检出～0.045微克/升，平均浓度为0.007微克/升。所有点位均未超标。

滴滴涕 测值范围为未检出～0.027微克/升，平均浓度为0.006微克/升。所有点位均未超标。

马拉硫磷 测值范围为未检出～0.320微克/升，平均浓度为0.079微克/升。所有点位均未超标。

甲基对硫磷 测值范围为未检出～0.210微克/升，平均浓度为0.073微克/升。所有点位均未超标。

苯并（a）芘 所有点位均未检出。

6.3 陆源污染物入海情况

6.3.1 直排海污染源污染物入海情况

6.3.1.1 各类直排海污染源

2011 年，各类直排海污染源污水排放总量约为 47.4 亿吨，各项污染物排放总量约为：COD_{Cr} 21.0 万吨、石油类 907 吨、氨氮 2.02 万吨、总磷 3047 吨、汞 322 千克、六价铬 451 千克、铅 3 017 千克、镉 879 千克。

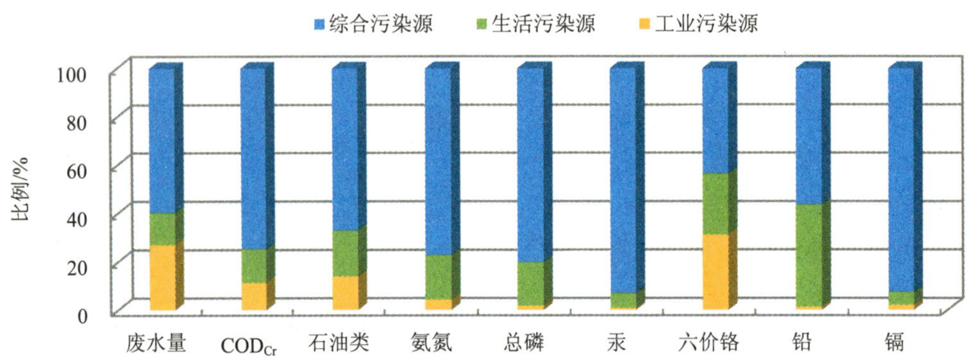

图 6-12　2011 年不同类型直排海污染源主要污染物排放比例

表 6-2　2011 年各类直排海污染源排放情况汇总

类别＼项目	废水量/亿 t	COD_{Cr}/万 t	石油类/t	氨氮/万 t	总磷/t	汞/kg	六价铬/kg	铅/kg	镉/kg
合计	47.37	21.0	907	2.02	3 047	322	451	3 017	879
工业	12.88	2.4	127	0.09	56	3	141	38	19
生活	6.19	2.9	172	0.37	544	19	113	1 276	46
综合	28.30	15.7	608	1.56	2 447	300	197	1 703	814

6.3.1.2 污染物排入四大海区情况

2011 年，四大海区中，排入东海的污水量最多，为 27.02 亿吨，占 57.1%；排入渤海污水量最少，为 1.66 亿吨，占 3.5%。

6.3.1.3 各省直排海污染源排放情况

2011 年，沿海各省（自治区、直辖市）中，浙江污水排放量最大，其次是福建和广东；浙江 COD_{Cr} 排放量最大，其次是福建和山东。

表 6-3　2011 年四大海区直排海污染源排放情况汇总

海区＼项目	废水量/亿 t	COD_{Cr}/万 t	石油类/t	氨氮/万 t	总磷/t
渤海	1.66	1.0	59.0	0.1	134.1
黄海	9.09	4.3	58.0	0.4	640.1
东海	27.02	12.3	537.6	1.1	1 273.9
南海	9.58	3.5	252.6	0.4	999.4
合计	47.35	21.0	907.3	2.0	3 047.5

表 6-4　2011 年沿海省份直排海污染源排放情况汇总

省份＼项目	监测污染源数量	废水量/万 t	COD_{Cr}/t	石油类/t	氨氮/t	总磷/t
辽宁	37	41 610	21 131	70.4	2 691	344.4
河北	7	7 899	4 035	0.03	541	44.3
天津	15	4 204	2 895	12.0	363	57.3
山东	46	51 064	22 342	21.8	1 402	304.3
江苏	21	2 817	2 082	12.81	178	21.5
上海	12	15 733	6 700	83.24	626	116.9
浙江	127	141 890	83 388	354.6	8 130	873.2
福建	60	112 548	33 070	99.8	2 003	283.4
广东	68	69 472	20 403	166.9	2 496	499.4
广西	24	7 516	6 538	12.5	407	324.1
海南	15	18854	7820	73.2	1341	175.8
合计	432	473607	210404	907.28	20178	3 044.6

6.3.2　入海河流污染物入海情况

6.3.2.1　入海河流监测断面水质

2011 年，194 个入海河流监测断面中，Ⅰ～Ⅲ类、Ⅳ～Ⅴ类和劣Ⅴ类水质断面分别占 44.9%、27.8%和 27.3%。

> 入海河流监测断面水质评价标准为《地表水环境质量标准》(GB 3838—2002)，评价指标为 pH、溶解氧、高锰酸钾指数、化学需氧量、五日生化需氧量、氨氮、总磷、铜、锌、氟化物、硒、砷、汞、镉、铬（六价）、铅、氰化物、挥发酚、石油类、阴离子表面活性剂和硫化物共 21 项。

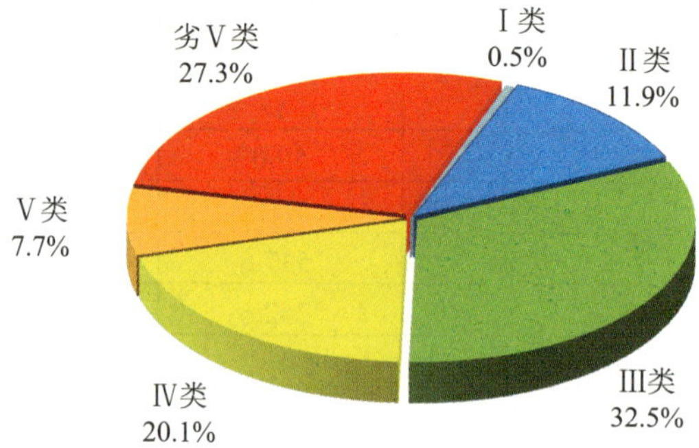

图 6-13　2011 年全国近岸海域入海河流断面水质类别

表 6-5　2011 年入海河流监测断面水质类别情况汇总

海区	断面数/个						
	I	II	III	IV	V	劣V	合计
渤海		2	9	6	5	24	46
黄海	1	1	22	14	4	15	57
东海		3	8	5	4	5	25
南海		17	24	14	2	9	66
合计	1	23	63	39	15	53	194

6.3.2.2　入海河流监测断面水质达标情况

194 个入海河流监测断面中，有 183 个有水质管理类别目标，达标率为 62.3%。渤海、黄海、东海和南海入海河流监测断面达标率分别为 43.5%、73.1%、52.0%和 71.7%。

表 6-6　2011 年入海河流断面水质管理达标情况汇总

海区	水质管理达标率/%					
	I	II	III	IV	V	合计
渤海	—	—	100.0	40.0	30.0	43.5
黄海	—	—	93.3	82.6	38.5	73.1
东海	—	50.0	64.3	37.5	0.0	52.0
南海	—	80.0	71.7	100.0	0.0	71.7
合计	—	62.5	76.5	63.2	29.7	62.3

6.3.2.3　入海河流污染物入海情况

194 个入海河流断面主要污染物排海总量约为：COD_{Mn} 375.9 万吨、氨氮 64.0 万吨、石油类 4.5 万吨、总磷 26.3 万吨。

四大海区 COD_{Mn} 排放总量约为：渤海 5.5 万吨、黄海 24.1 万吨、东海 247.0 万吨、南海 99.4 万吨。

四大海区氨氮排放总量约为：渤海 1.2 万吨、黄海 3.2 万吨、东海 44.3 万吨、南海 15.3 万吨。

四大海区石油类排放总量约为：渤海 0.04 万吨、黄海 0.22 万吨、东海 2.83 万吨、南海 1.46 万吨。

四大海区总磷排放总量约为：渤海 0.13 万吨、黄海 0.56 万吨、东海 22.27 万吨、南海 3.35 万吨。

6.3.2.4 重金属和其他污染物入海情况

铅监测入海量为 7 823 吨，汞监测入海量为 17 吨，砷监测入海量为 760 吨，挥发酚监测入海量为 197 吨。

6.3.2.5 COD_{Mn}和氨氮入海总量前 10 位的入海河流断面

COD_{Mn}入海总量前 10 位的河流断面依次为长江朝阳农场、珠江磨刀门水道、闽江闽安、珠江莲花山、珠江横门水道、钱塘江闸口、鸭绿江厦子沟、东江沙田泗盛、潭江苍山渡口、珠江鸡啼门水道。前 10 位断面的 COD_{Mn}入海量占所有监测断面入海总量的 83.0%。

氨氮入海总量前 10 位的河流断面依次为长江朝阳农场、珠江莲花山、珠江横门水道、闽江闽安、东江沙田泗盛、钱塘江闸口、潭江苍山渡口、九龙江河口、鸭绿江厦子沟、珠江磨刀门水道。

表 6-7 2011 年 COD_{Mn}入海量前 20 位的入海河流断面监测结果

河流及断面名称		COD_{Mn}/万 t	氨氮/万 t	石油类/t	总氮/万 t	总磷/万 t
长江	朝阳农场	195.30	38.77	23 424.30	199.00	20.84
珠江	磨刀门水道	22.15	0.56	3 076.67	3.48	0.71
闽江	闽安	21.29	1.41	—	9.06	0.39
珠江	莲花山	19.74	5.78	7 444.55	15.99	0.68
珠江	横门水道	13.65	3.42	1 432.92	16.02	0.50
钱塘江	闸口	11.33	1.23	953.65	10.51	0.30
鸭绿江	厦子沟	9.46	0.74	38.01	4.03	0.11
东江	沙田泗盛	6.57	1.26	601.14	5.17	0.22
潭江	苍山渡口	6.47	0.88	588.00	5.23	0.12
珠江	鸡啼门水道	5.98	0.26	722.33	1.19	0.21
九龙江	河口	4.12	0.77	326.62	4.53	0.20
鉴江	黄坡	3.78	0.12	—	0.79	0.05
射阳河	河闸	2.49	0.35	45.89	1.04	0.05
大辽河	辽河公园	2.45	0.46	56.14	1.02	0.03
曹娥江	大闸	2.32	0.32	1 320.24	1.87	0.07
灌河	陈港	1.99	0.18	1 078.88	0.39	0.06
交溪	赛岐	1.78	0.28	107.58	0.55	0.04
甬江	三江口	1.72	0.28	890.40	0.28	0.05
榕江	地都	1.65	0.18	—	1.51	0.04
韩江东溪	莲阳桥闸	1.65	0.09	—	1.61	0.05

7

城市声环境质量

7.1 总体状况

2011 年，全国城市区域噪声总体水平为一级和二级的城市占 77.9%，三级和四级的占 22.1%；环保重点城市区域噪声总体水平为一级和二级的占 76.1%，三级的占 23.9%。全国城市道路交通噪声总体水平为一级和二级的城市占 98.1%，三级—五级的占 1.9%；重点城市道路交通噪声总体水平为一级和二级的占 99.1%，三级的占 0.9%。城市各类功能区噪声昼间达标率高于夜间，3 类功能区达标率高于其他类功能区，4 类功能区夜间噪声超标较严重。

城市区域噪声总体水平评价依据《城市区域声环境质量总体水平等级划分》（声环境质量常规监测暂行技术规定）。

城市区域噪声总体水平等级划分

等级	一级	二级	三级	四级	五级
等效声级/dB(A)	≤50.0	50.1～55.0	55.1～60.0	60.1～65.0	>65.0

城市道路交通噪声评价依据《道路交通噪声强度等级划分》（声环境质量常规监测暂行技术规定）。

道路交通噪声强度等级划分

等级	一级	二级	三级	四级	五级
等效声级/dB(A)	≤68.0	68.1～70.0	70.1～72.0	72.1～74.0	>74.0

城市功能区噪声评价依据《声环境质量标准》(GB 3096—2008)中的规定进行。

声环境质量标准（GB 3096—2008） 单位：dB(A)

功能区	0 类	1 类	2 类	3 类	4a 类	4b 类
昼间	≤50	≤55	≤60	≤65	≤70	≤70
夜间	≤40	≤45	≤50	≤55	≤55	≤60

注：0 类声环境功能区：指康复疗养区等特别需要安静的区域；
1 类声环境功能区：指以居民住宅、医疗卫生、文化教育、科研设计、行政办公为主功能，需要保持安静的区域；
2 类声环境功能区：指以商业金融、集市贸易为主要功能，或者居住、商业、工业混杂，需要维护住宅安静的区域；
3 类声环境功能区：指以工业生产、仓储物流为主要功能，需要防止工业噪声对周围环境产生严重影响的区域；
4 类声环境功能区:指交通干线两侧一定距离之内，需要防止交通噪声对周围环境产生严重影响的区域，包括 4a 类和 4b 类两种类型。2011 年上报 4 类功能区数据均为 4a 类。

7.2 城市区域声环境

7.2.1 全国城市区域声环境

2011 年，开展区域声环境监测的 316 个城市中，区域噪声总体水平为一级和二级的城市占 77.9%，三级的城市占 21.5%，四级的城市占 0.6%。与上年相比，一级、三级和四级的城市比例均有不同程度降低，二级的城市比例略有提高。

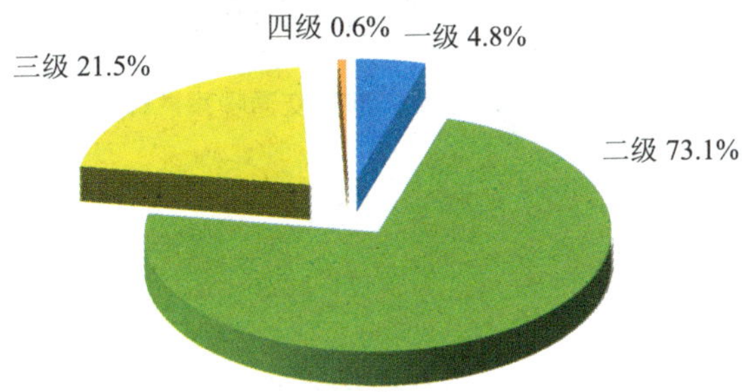

图 7-1 2011 年全国城市区域噪声总体水平状况

7.2.2 环保重点城市区域声环境

2011 年，环保重点城市区域声环境等效声级范围为 46.8～58.0 dB（A），等效声级面积加权平均值为 54.2 dB（A）。区域噪声总体水平为一级的城市占 1.8%，二级的城市占 74.3%，三级的城市占 23.9%。

与上年相比，环保重点城市区域噪声总体水平一级、三级和四级的城市比例均有不同程度降低，二级的城市比例略有提高。

表 7-1 环保重点城市区域噪声总体水平年际变化

年份	一级比例/%	二级比例/%	三级比例/%	四级比例/%	五级比例/%
2010	3.5	69.0	26.6	0.9	0.0
2011	1.8	74.3	23.9	0.0	0.0

7.3 城市道路交通声环境

7.3.1 全国城市道路交通声环境

2011 年，开展道路交通声环境监测的 316 个城市中，道路交通噪声强度为一级和二级的城市占 98.1%，三级的城市占 1.3%，五级的城市占 0.6%。与上年相比，一级、三级和五级的城市比例均有不同程度提高，二级和四级的城市比例均有不同程度降低。

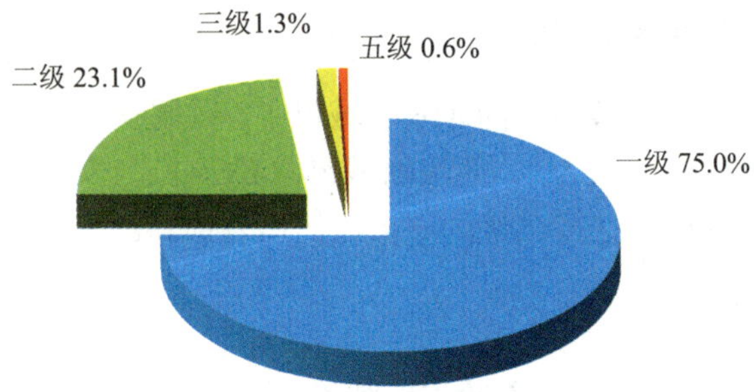

图 7-2　2011 年全国城市道路交通噪声总体水平状况

7.3.2　环保重点城市道路交通声环境

2011 年，环保重点城市共监测道路长度约 16 372 千米，道路交通噪声平均等效声级范围为 64.0～70.8 dB（A），长度加权平均等效声级为 67.9 dB（A）。其中，3 626 千米路段等效声级超过 70.0 dB（A），占监测路段总长度的 22.1%。城市道路交通噪声强度为一级、二级和三级的城市分别占 67.2%、31.9%和 0.9%。

与上年相比，环保重点城市道路交通噪声总体水平一级的城市比例有所提高，二级和四级的城市比例均有不同程度降低。

表 7-2　环保重点城市道路交通噪声总体水平年际变化

年份	一级比例/%	二级比例/%	三级比例/%	四级比例/%	五级比例/%
2010	56.6	40.7	0.9	1.8	0.0
2011	67.2	31.9	0.9	0.0	0.0

7.4　城市功能区声环境

7.4.1　全国城市各类功能区声环境

2011 年，全国各类功能区共监测 14 350 点次，昼间、夜间各 7 175 点次。各类功能区昼间达标 6 416 点次，占昼间监测点次的 89.4%；夜间达标 4 765 点次，占夜间监测点次的 66.4%。与上年相比，2011 年全国城市功能区噪声 2 类和 3 类功能区昼间达标率略有提高，其他各类功能区达标率均有不同程度降低。

表 7-3　2011 年全国城市各类功能区监测点次达标情况及年际变化

年份	项目	0 类		1 类		2 类		3 类		4 类	
		昼	夜	昼	夜	昼	夜	昼	夜	昼	夜
2011	达标点次	73	58	1 448	1 143	1 944	1 649	1 357	1 212	1 594	703
	监测点次	124	124	1 694	1 694	2 172	2 172	1 404	1 404	1 781	1 781
	达标率/%	58.9	46.8	85.5	67.5	89.5	75.9	96.7	86.3	89.5	39.5
2010	达标率/%	60.1	54.4	85.7	77.2	87.5	82.4	94.4	89.8	89.5	48.1

7.4.2　环保重点城市功能区声环境

2011 年，环保重点城市各类功能区共监测 7 200 点次，其中昼间、夜间各 3 600 点次。总体上看，各类功能区监测点位昼间达标率高于夜间，3 类功能区达标率高于其他类功能区，0 类及 4 类功能区夜间达标率低于其他类功能区。与上年相比，0 类、1 类、2 类和 3 类功能区噪声昼间达标率均有不同程度提高，夜间达标率均有不同程度降低；4 类功能区昼间、夜间达标率均降低。

表 7-4　2011 年环保重点城市各类功能区监测点位达标情况及年际变化

年份	项目	0 类		1 类		2 类		3 类		4 类	
		昼	夜	昼	夜	昼	夜	昼	夜	昼	夜
2011	达标点次	48	34	675	502	1 016	821	706	607	766	262
	监测点次	79	79	772	772	1 126	1 126	728	728	895	895
	达标率/%	60.8	43.0	87.4	65.0	90.2	72.9	97.0	83.4	85.6	29.3
2010	达标率/%	53.0	54.0	86.5	75.5	87.8	80.3	95.4	87.8	86.1	37.3

8

生态环境状况

8.1 全国生态环境状况

8.1.1 省域生态环境状况

2010年*，全国生态环境状况指数（EI）值为50.4，生态环境质量“一般”。浙江、福建、江西、湖南、广东和海南生态环境质量“优”，占国土面积的8.6%；北京、天津、辽宁、吉林、黑龙江、上海、江苏、安徽、湖北、广西、重庆、四川、贵州和云南生态环境质量“良”，占国土面积的27.6%；河北、山西、内蒙古、山东、河南、西藏、陕西、青海和宁夏生态环境质量“一般”，占国土面积的41.8%；甘肃和新疆生态环境质量“较差”，占国土面积的22.0%，没有“差”类。

生态环境状况评价依据《生态环境状况评价技术规范（试行）》（HJ/T 192—2006）。

生态环境状况分级

级别	优	良	一般	较差	差
指数	EI≥75	55≤EI＜75	35≤EI＜55	20≤EI＜35	EI＜20
状态	植被覆盖度高，生物多样性丰富，生态系统稳定，最适合人类生存	植被覆盖度较高，生物多样性较丰富，基本适合人类生存	植被覆盖度中等，生物多样性一般水平，较适合人类生存，但有不适人类生存的制约性因子出现	植被覆盖较差，严重干旱少雨，物种较少，存在着明显限制人类生存的因素	条件较恶劣，人类生存环境恶劣

生态环境状况变化分级

级别	无明显变化	略有变化	明显变化	显著变化
指数	|ΔEI|≤2	2＜|ΔEI|≤5	5＜|ΔEI|≤10	10＜|ΔEI|

评价使用的归一化系数分为省域和县域两个级别，全国尺度或以省为单位的评价使用附表中省域尺度的归一化系数，县（市、区）的评价使用附表中县域尺度归一化系数。

* 因遥感解译工作量大，且其他相关部门数据收集时间所限，故生态环境质量较其他环境要素滞后一年。

2011 年全国生态环境质量评价归一化系数表

省域尺度归一化系数	生物丰度	676.083 196	河流长度	71.768 110	二氧化硫	1.667 065
	植被覆盖	588.260 760	水资源量	97.639 516	化学需氧量	0.058 464
	湖库系数	743.317 195	土壤侵蚀	273.051 554	固体废物	2.849 614
县域尺度归一化系数	生物丰度	511.264 213	河流长度	84.370 408	二氧化硫	0.064 866
	植被覆盖	458.534 081	水资源量	86.386 955	化学需氧量	0.331 040
	湖库系数	591.790 864	土壤侵蚀	146.334 327	固体废物	0.074 989

生态环境质量“优”和“良”的省份主要位于东部和南部地区，“一般”和“较差”的省份主要位于中部和西部地区，这与我国自然地理分布格局具有很大的相关性。

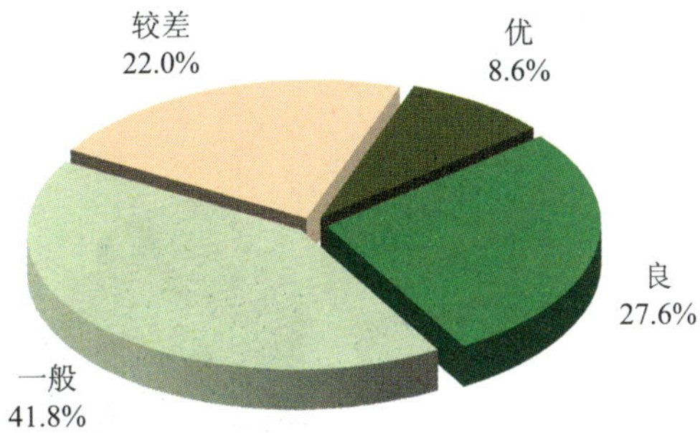

图 8-1　2010 年全国省域生态环境质量不同类型面积比例

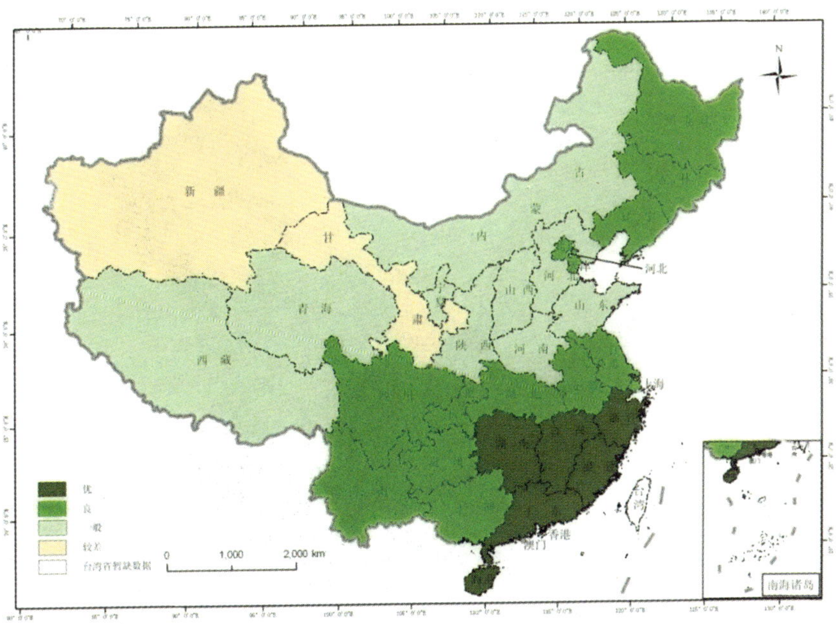

图 8-2　2010 年全国省域生态环境质量分布示意图

8.1.2 县域生态环境状况

2010 年，全国县域生态环境质量以“良”和“一般”为主，占国土面积的 64.6%。全国 2 467 个县（市、区）行政单元中，360 个生态环境质量“优”，占国土面积的 9.7%；1 143 个生态环境质量“良”，占国土面积的 36.5%；849 个生态环境质量“一般”，占国土面积的 28.1%；111 个生态环境质量“较差”，占国土面积的 23.7%；4 个生态环境质量“差”，占国土面积的 2.0%。

生态环境质量“优”和“良”的县主要分布在华南、西南和东北地区；“一般”的县主要分布在青藏高原、华北平原、东北平原、河西走廊等地区；“较差”和“差”的县分布在西北地区，如内蒙古西部、甘肃西部及新疆大部等。

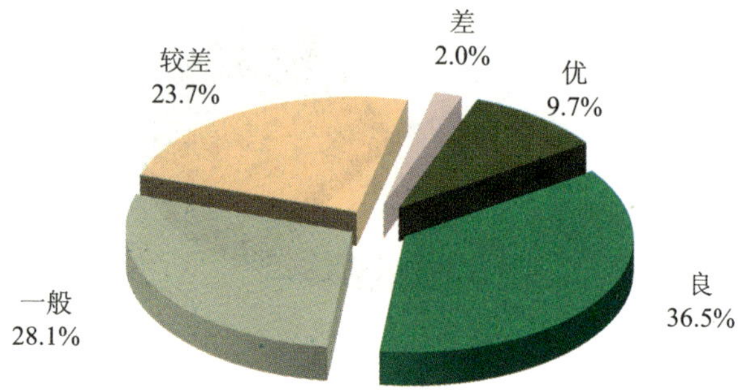

图 8-3　2010 年全国县域生态环境质量不同类型面积比例

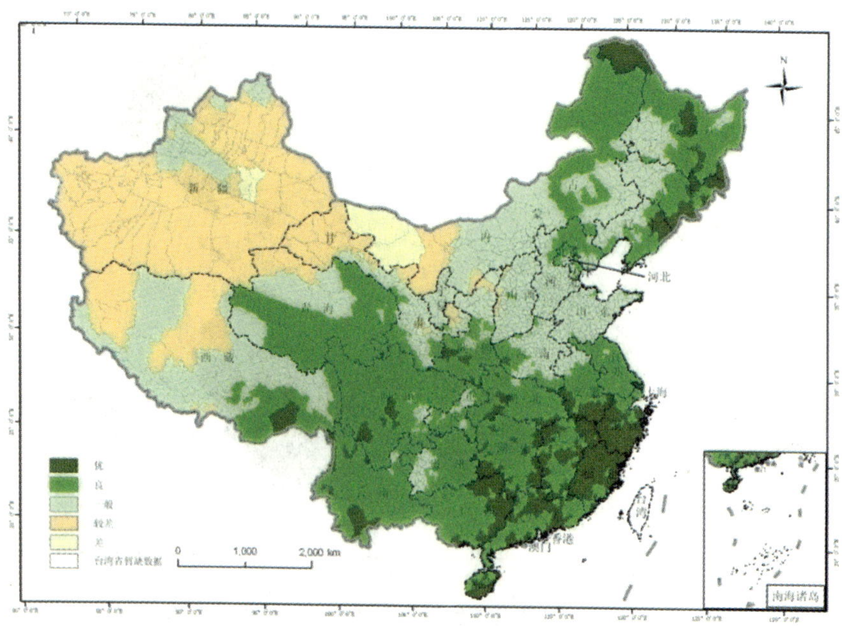

图 8-4　2010 年全国县域生态环境质量分布示意图

8.1.2.1 东部地区县域生态环境状况

2010 年，东部地区生态环境质量以“良”和“一般”为主。724 个县（市、区）中，272 个生态环境质量“良”，占东部地区面积的 37.8%；292 个生态环境质量“一般”，占东部地区面积的 33.5%。

在空间分布上，山东以南地区的县域生态环境质量以“优”和“良”为主，山东和河北的县域生态环境质量以“一般”为主，北京、天津和辽宁的县域生态环境质量以“良”和“一般”为主。

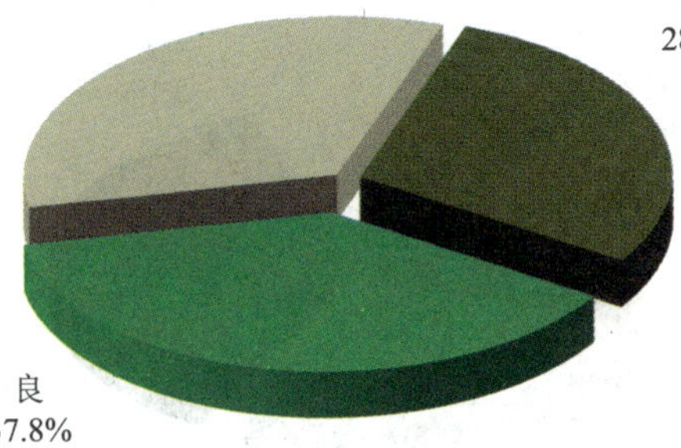

图 8-5 2010 年东部地区县域生态环境质量不同类型面积比例

8.1.2.2 中部地区县域生态环境状况

2010 年，中部地区生态环境质量以“良”为主。725 个县（市、区）中，318 个生态环境质量“良”，占中部地区面积的 47.6%。

在空间分布上，大、小兴岭和长白山区的生态环境质量以“优”和“良”为主，湖北、湖南、江西和安徽中南部的县域生态环境质量以“优”和“良”为主，山西、河南、安徽北部的县域生态环境质量以“一般”为主，山西西部部分县域生态环境质量“较差”。

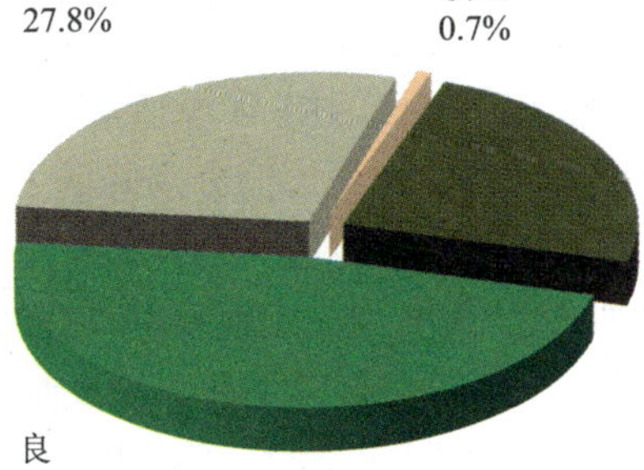

图 8-6 2010 年中部地区县域生态环境质量不同类型面积比例

8.1.2.3 西部地区县域生态环境状况

2010 年，西部地区生态环境质量以“良”、“一般”和“较差”为主。1 018 个县（市、区）中，553 个生态环境质量“良”，295 个生态环境质量“一般”，103 个生态环境质量“较差”，分别占西部地区面积的 33.6%、27.3%和 33.2%。

在空间分布上，云南和西藏的部分县域以及广西东部地区生态环境质量以“优”为主，秦岭以南、青藏高原东南部、祁连山脉以及内蒙古东部地区的县域生态环境质量以“良”为主，内蒙古中部地区、甘肃中南部地区生态环境质量“一般”，新疆大部、甘肃北部和内蒙古西部生态环境质量以“较差”为主。

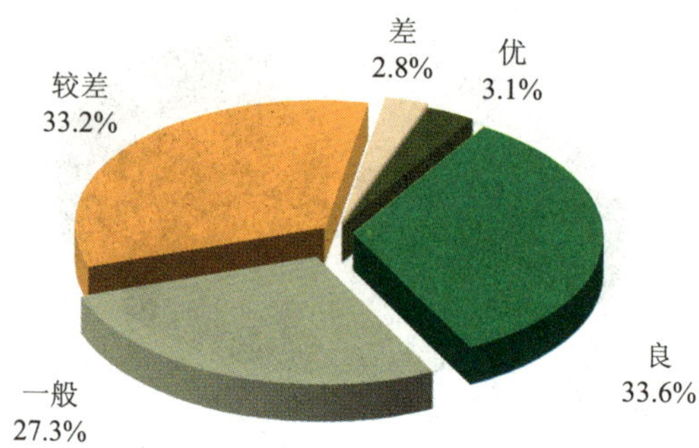

图 8-7 2010 年西部地区县域生态环境质量不同类型面积比例

8.2 全国生态环境年际变化

8.2.1 省域生态环境年际变化

与上年相比，2010 年全国生态环境质量保持稳定，生态环境状况指数 EI 值由 49.9 增加到 50.4，提高 0.5。生态环境质量“优”的省份增加 1 个，湖南生态环境质量由“良”变为“优”；生态环境质量“一般”的省份减少 1 个，重庆生态环境质量由“一般”变为“良”；“良”和“较差”的省份保持不变。生态环境质量“优”的省份面积占国土面积比例提高 2.2 个百分点，“良”和“一般”的面积比例分别降低 1.4 个百分点和 0.9 个百分点。

省域生态环境状况指数变化幅度（ΔEI）为−2.6～4.5，19 个省（自治区、直辖市）生态环境质量保持稳定，为“无明显变化”，占国土面积的 77.8%；辽宁、吉林、浙江、福建、江西、湖北、湖南、广东、重庆、四川和陕西生态环境质量“略微变好”，占国土面积的 21.9%；海南生态环境质量“略微变差”，占国土面积的 0.4%。

31 个省（自治区、直辖市）ΔEI 值与生物丰度、植被覆盖、水网密度、土地退化、环境质量五个分指标的年际变化值回归统计分析结果表明：环境质量指数的变化对 2009—2010 年 ΔEI 的影响最大，其次是水网密度指数。2009—2010 年，重庆、新疆、辽宁等省份二氧化硫、COD 和固体废物排放量减少，环境质量指数提高，生态环境质量“略微变好”；

江西、福建、浙江等省份水资源量增加，水网密度指数升高，生态环境质量“略微变好”；湖南林地质量提高，有林地面积增加，生态环境质量由“良”变为“优”。

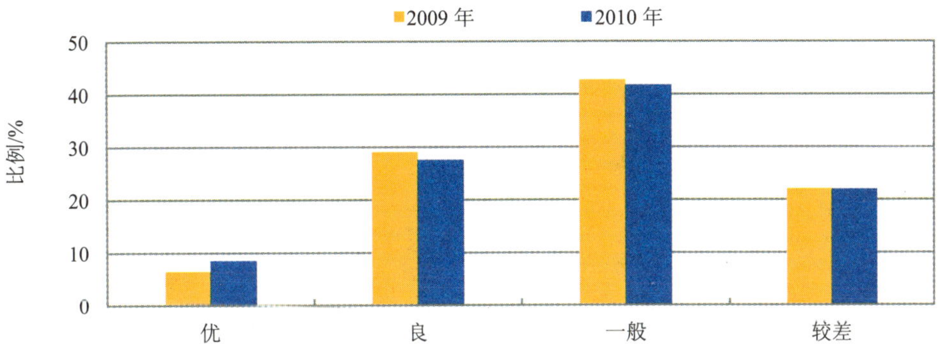

图 8-8 省域生态环境质量不同类型面积比例年际比较

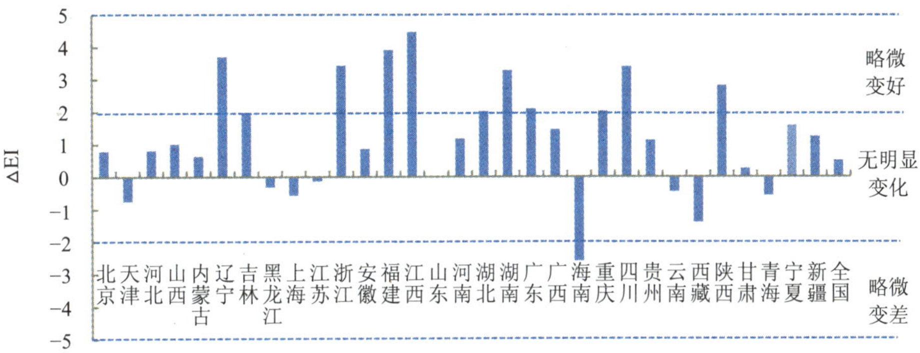

图 8-9 2010 年省域生态环境质量年际比较

8.2.2 县域生态环境年际变化

与上年相比，2010 年生态环境质量“优”的县（市、区）个数和占国土面积比例分别提高 65 个和 1.5 个百分点；“良”和“一般”的县（市、区）个数分别减少 54 个和 13 个，“良”占国土面积比例提高 1.2 个百分点，“一般”占国土面积比例降低 0.3 个百分点；“较差”和“差”的县域个数基本稳定。

2 467 个县（市、区）生态环境质量变化幅度（ΔEI）为−12.4～9.7。其中，30 个“明显变好”，占国土面积的 0.9%；341 个“略微变好”，占国土面积的 10.1%；2 029 个“无明显变化”，占国土面积的 83.9%；55 个“略微变差”，占国土面积的 3.7%；11 个“明显变差”，占国土面积的 1.2%；新疆托克逊县“显著变差”，占国土面积的 0.2%。

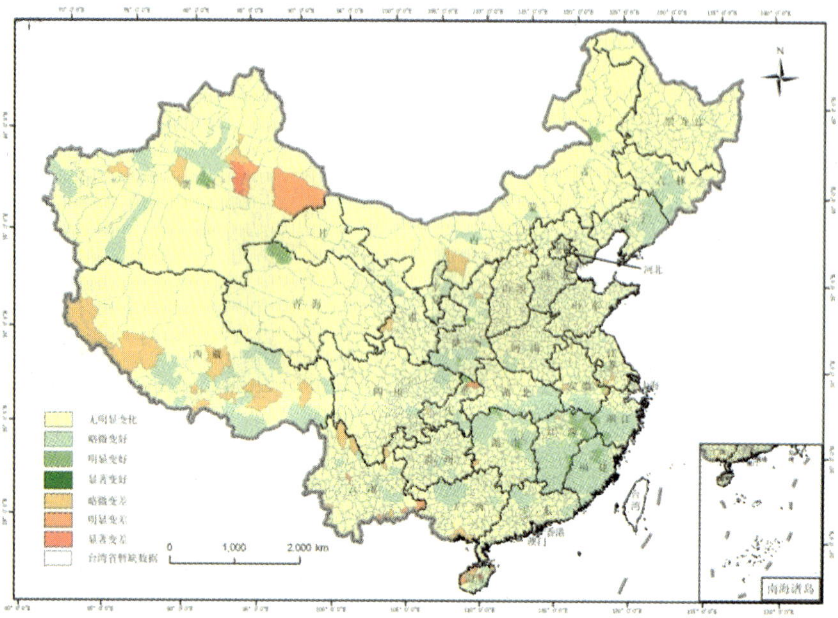

图 8-10　2010 年县域生态环境质量年际变化幅度分布示意图

2 467 个县（市、区）ΔEI 值与生物丰度、植被覆盖、水网密度、土地退化、环境质量五个分指数的年际变化回归统计分析结果表明：生物丰度指数对 2009—2010 年县域 ΔEI 的影响最大，其次是环境质量指数。

8.2.2.1　东部地区县域生态环境年际变化

与上年相比，2010 年东部地区 724 个县（市、区）中，生态环境质量“优”的个数和占国土面积比例分别增加 18 个和 4.0 个百分点；“良”和“一般”的县（市、区）个数分别减少 15 个和 3 个，占国土面积比例分别降低 3.5 个和 0.4 个百分点。

东部地区 724 个县（市、区）生态环境质量变化幅度（ΔEI）为−8.8～6.6。其中，辽宁大洼县，浙江常山县、开化县和龙泉市，福建南平市和建瓯市生态环境质量“明显变好”，占国土面积的 1.4%；118 个“略微变好”，占国土面积的 21.2%；588 个“无明显变化”，占国土面积的 75.6%；11 个“略微变差”，占国土面积的 1.3%；山东枣庄市台儿庄区，海南东方市、屯昌县和临高县“明显变差”，占国土面积的 0.5%。

东部地区 724 个县（市、区）ΔEI 值与生物丰度、植被覆盖、水网密度、土地退化、环境质量五个分指数的年际变化回归统计分析结果表明：水网密度指数对东部地区 ΔEI 的影响最大，其次是环境质量指数。

8.2.2.2　中部地区县域生态环境年际变化

与上年相比，2010 年中部地区 725 个县（市、区）中，生态环境质量“优”的个数和占国土面积比例分别增加 48 个和 6.5 个百分点；“良”和“一般”的县（市、区）个数分别减少 45 个和 3 个，占国土面积比例分别降低 6.3 个和 0.2 个百分点。

中部地区 725 个县（市、区）生态环境质量变化幅度（ΔEI）为−4.0～7.5。其中，17

个“明显变好”，占国土面积的 1.7%，主要分布在江西、湖南等省区；147 个“略微变好”，占国土面积的 17.3%；562 个“无明显变化”，占国土面积的 80.3%；7 个“略微变差”，占国土面积的 0.6%。

中部地区 725 个县（市、区）ΔEI 值与生物丰度、植被覆盖、水网密度、土地退化、环境质量五个分指数的年际变化回归统计分析结果表明：水网密度指数对中部地区 ΔEI 的影响最大，其次是生物丰度指数。

8.2.2.3 西部地区县域生态环境年际变化

与上年相比，2010 年西部地区 1018 个县（市、区）中，生态环境质量“优”和“较差”的个数和占国土面积比例均保持稳定；“良”的个数和占国土面积比例分别增加 6 个和 0.5 个百分点；“一般”的个数和占国土面积比例分别减少 7 个和 0.3 个百分点。

西部地区 1018 个县（市、区）生态环境质量变化幅度（ΔEI）为－12.4～9.7。其中，7 个“明显变好”，占国土面积的 0.6%，主要包括内蒙古阿尔山，重庆城口，陕西黄陵和石泉，青海冷湖，宁夏隆得德和新疆库尔勒；76 个“略微变好”，占国土面积的 6.5%；890 个“无明显变化”，占国土面积的 86.2%；36 个“略微变差”，占国土面积的 4.8%；7 个“明显变差”，占国土面积的 1.7%，主要包括重庆巫溪，云南金平、西畴、富宁和弥渡，新疆吐鲁番和哈密；新疆托克逊县“显著变差”，占国土面积的 0.2%。

西部地区 1 018 个县（市、区）ΔEI 值与生物丰度、植被覆盖、水网密度、土地退化、环境质量五个分指数的年际变化回归统计分析结果表明：生物丰度指数对东部地区 ΔEI 的影响最大，其次是环境质量指数。

9

农村试点监测环境质量

2011 年，全国试点村庄环境空气质量达标天数占监测天数的比例为 90.5%；饮用水源地总体水质达标率为 50.8%；地表水Ⅰ～Ⅲ类水质断面比例为 47.5%，劣Ⅴ类水质断面比例为 19.6%。相对于我国 60 多万个行政村，尽管监测试点村庄数量较少，但仍暴露了我国农村环境存在的部分突出问题，主要表现为农村饮用水源和地表水受到面源污染严重，部分地区土壤重金属污染较严重，农村环境保护形势严峻。

9.1 试点村庄环境空气质量

9.1.1 试点村庄环境空气质量现状

2011 年，共监测 364 个试点村庄的环境空气质量，其中 298 个村庄空气质量未出现超标，占 81.9%。空气质量监测天数累计 3497 天，达标天数为 3 166 天，占 90.5%。二氧化硫达标率为 99.7%，最大超标 0.60 倍；二氧化氮达标率为 99.7%，最大超标 2.25 倍；可吸入颗粒物达标率为 90.8%，最大超标 6.13 倍。

试点村庄空气质量评价标准为《环境空气质量标准》（GB 3095—1996），评价指标为可吸入颗粒物、二氧化硫和二氧化氮。

超标样品、超标天数和超标倍数的计算统一采用 GB 3095—1996 中的Ⅱ级标准。

《环境空气质量标准》（GB 3095—1996）

污染物名称	取值时间	二级标准/（mg/m^3）
二氧化硫（SO_2）	日平均	0.15
二氧化氮（NO_2）	日平均	0.12
可吸入颗粒物（PM_{10}）	日平均	0.15

表 9-1　2011 年试点村庄环境空气质量监测指标情况

监测指标	监测天数/d	达标率/%	监测值范围/（mg/m^3）	最大超标倍数
二氧化硫	3 484	99.7	未检出～0.24	0.60
二氧化氮	3 487	99.7	未检出～0.39	2.25
可吸入颗粒物	3 437	90.8	0.06～1.07	6.13

试点村庄空气质量主要超标指标为可吸入颗粒物。从空间分布看，空气质量超标村庄多分布在我国西北地区，这与当地植被覆盖率低、耕作方式及局部干旱少雨的自然气候条件密切相关。个别地区还与当地村庄周边企业排污、露天煤矿开采、锅炉燃烧和道路交通引起的扬尘等因素有关。

吉林、黑龙江、上海、江苏、湖北、广东、海南、重庆、四川和云南试点村庄空气质量达标率均为 100%，山西、宁夏、新疆、甘肃和内蒙古试点村庄空气质量达标率相对较低。

9.1.2　试点村庄环境空气质量年际变化

2009 年，试点村庄空气质量累计监测 1 366 天，达标天数占 92.8%；2010 年，试点村庄空气质量累计监测 2 985 天，达标天数占 86.2%；2011 年，试点村庄空气质量累计监测 3 497 天，达标天数占 90.5%。2009—2011 年，试点村庄环境空气质量主要超标指标均为可吸入颗粒物，其超标比例远高于二氧化硫和二氧化氮；二氧化氮超标天数比例呈下降趋势。

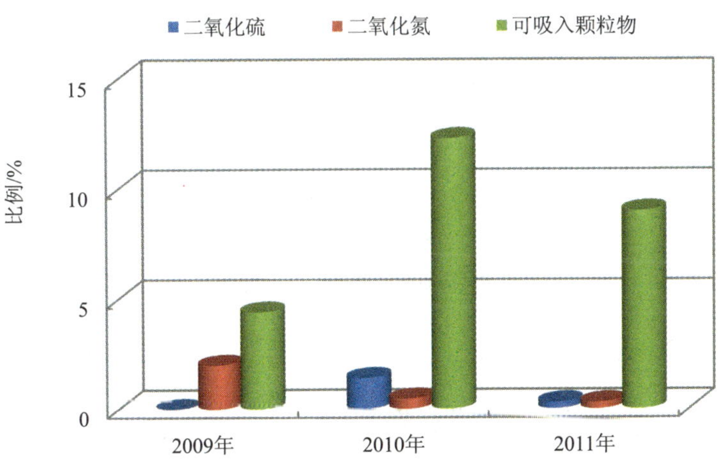

图 9-1　全国农村试点村庄空气质量监测指标超标率年际变化

9.2 试点村庄饮用水源地水质

9.2.1 试点村庄饮用水源地水质现状

2011 年，监测试点村庄饮用水源地断面（点位）共 415 个，除四川的试点村庄饮用水源地水质达标率为 100.0%外，其他省份均存在项目超标。

监测结果表明，2011 年试点村庄饮用水源地水质达标率为 50.8%。其中，地表水饮用水源地监测断面（点位）147 个，水质达标率为 68.0%；地下水饮用水源地监测点位 268 个，水质达标率为 41.0%。若粪大肠菌群和总大肠菌群不参加总体水质评价，则饮用水源地水质达标率为 59.8%。其中，地表水饮用水源地水质达标率为 68.7%，地下水饮用水源地水质达标率为 57.0%。

2011 年，饮用水源地水质超标指标以常规理化项目为主，毒性较大的项目较少。其中，地表水饮用水源地水质主要超标指标为五日生化需氧量、溶解氧、总磷、高锰酸盐指数和氨氮；地下水饮用水源地水质主要超标指标为总大肠菌群、氨氮、pH、氟化物和锰。地表水饮用水源地水质主要受农村生活面源污染，主要来自人和动物排泄物无序排放及农用化肥的流失等。

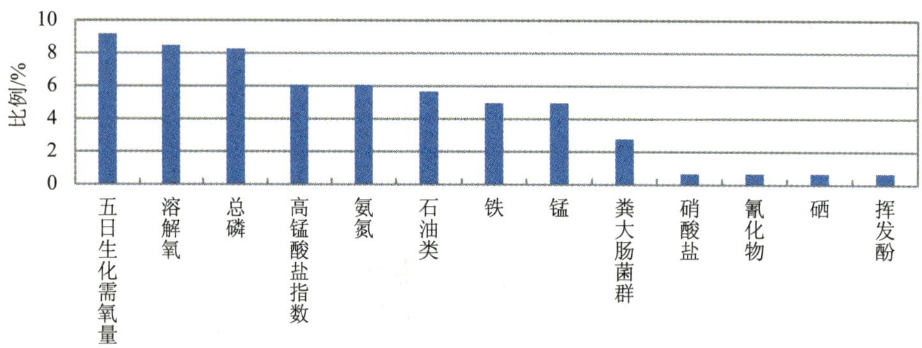

图 9-2 2011 年全国农村试点村庄地表水饮用水源地水质监测指标超标情况

> 试点村庄地表水饮用水源地水质监测指标为《地表水环境质量标准》(GB 3838—2002) 表 1 的基本项目（23 项，COD_{Cr}除外）和表 2 的补充项目，地下水水质监测指标为《地下水质量标准》(GB/T 14848—1993) 中的 23 项。评价标准为《地表水环境质量标准》(GB 3838—2002）和《地下水质量标准》(GB/T 14848—1993)。
>
> 水质达标率指水质达标的断面（点位）比例。
>
> 地表水饮用水源地水质超标率和超标倍数的计算统一采用 GB 3838—2002 表 1 的 III 类标准和表 2 的补充项目限值，地下水饮用水源地水质超标率和超标倍数的计算统一采用 GB/T 14848—1993 中的 III 类标准。

地表水饮用水源地水质评价标准 单位：mg/L

序号	项目	Ⅲ类标准值	序号	项目	Ⅲ类标准值	序号	项目	Ⅲ类标准值
1	水温/℃	—	11	五日生化需氧量	≤4	21	阴离子表面活性剂	≤0.2
2	pH	6～9	12	总氮	≤1.0	22	硫化物	≤0.2
3	溶解氧	≥5	13	铜	≤1.0	23	硒	≤0.01
4	高锰酸盐指数	≤6	14	锌	≤1.0	24	硫酸盐	250
5	氨氮	≤1.0	15	砷	≤0.05	25	氯化物	250
6	石油类	≤0.05	16	汞	≤0.000 1	26	硝酸盐氮	10
7	挥发酚	≤0.005	17	铅	≤0.05	27	铁	0.3
8	总磷	≤0.2	18	镉	≤0.005	28	锰	0.1
9	氟化物	≤1.0	19	六价铬	≤0.05	29	总氮（湖、库，以 N 计）	≤1.0
10	粪大肠菌群/(个/L)	≤10 000	20	氰化物	≤0.2			

地下水饮用水源地水质评价标准 单位：mg/L

序号	项目	Ⅲ类标准值	序号	项目	Ⅲ类标准值	序号	项目	Ⅲ类标准值
1	pH	6.5～8.5	9	挥发酚	≤0.002	17	六价铬	≤0.05
2	总硬度	≤450	10	铜	≤1.0	18	氰化物	≤0.05
3	硫酸盐	≤250	11	锌	≤1.0	19	阴离子合成洗涤剂	≤0.3
4	氯化物	≤250	12	硒	≤0.01	20	硝酸盐氮	≤20
5	高锰酸盐指数	≤3.0	13	砷	≤0.05	21	亚硝酸盐氮	≤0.02
6	氨氮	≤0.2	14	汞	≤0.001	22	铁	≤0.3
7	氟化物	≤1.0	15	铅	≤0.05	23	锰	≤0.1
8	总大肠菌群/(个/L)	≤3.0	16	镉	≤0.01			

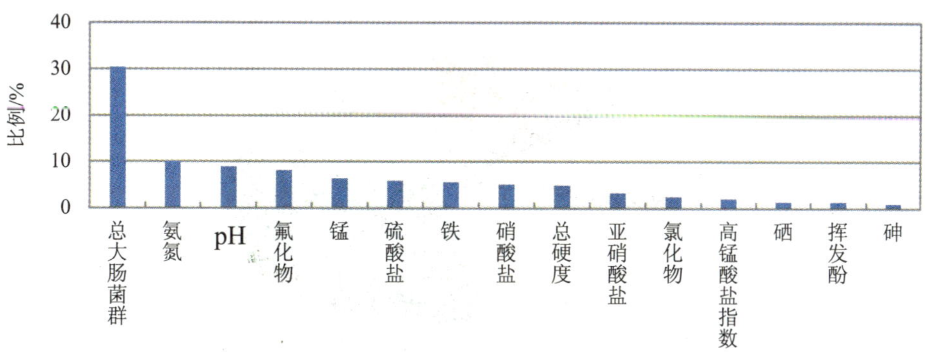

图 9-3　2011 年全国农村试点村庄地下水饮用水源地水质监测指标超标情况

9.2.2 试点村庄饮用水源地水质年际变化

2009—2011 年，全国试点村庄监测饮用水源地数量由 124 个增加到 415 个，水质达标率由 2009 年的 42.7%上升至 2011 年的 50.8%。其中，地表水饮用水源地水质达标率有所下降，由 2009 年的 84.0%下降至 2011 年的 68.0%；地下水饮用水源地水质达标率波动变化。总体来看，全国试点村庄地下水饮用水源地水质达标率均低于同年地表水水质达标率。

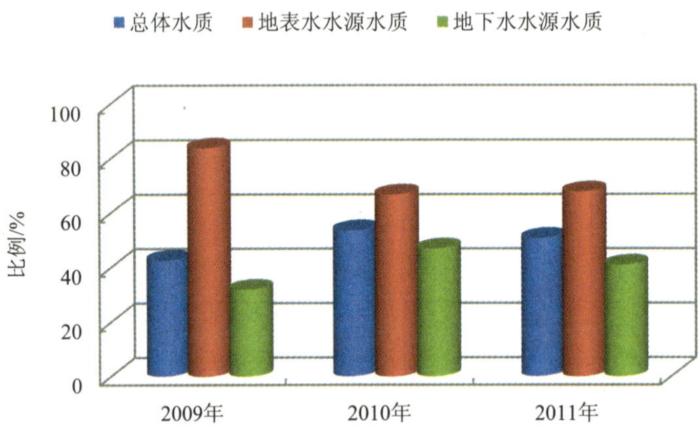

图 9-4 农村试点村庄饮用水源地水质达标率年际变化

9.3 试点村庄地表水水质

9.3.1 试点村庄地表水水质现状

2011 年，监测的 337 个试点村庄地表水水质断面（点位）中，Ⅰ～Ⅲ类水质断面 160 个，占 47.5%；Ⅳ、Ⅴ类水质断面 111 个，占 32.9%；劣Ⅴ类水质断面 66 个，占 19.6%。

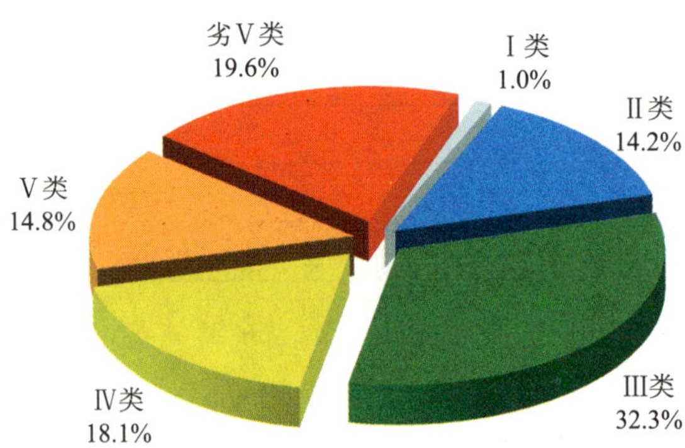

图 9-5 2011 年全国农村试点村庄地表水水质类别比例

试点村庄地表水水质监测指标为《地表水环境质量标准》（GB 3838—2002）表 1 的基本项目（23 项，COD_{Cr}除外）。评价标准为《地表水环境质量标准》（GB 3838—2002）。总氮参与湖泊（水库）水质评价，不参与河流水质评价。

水质超标率和超标倍数的计算统一采用 GB 3838—2002 中的 Ⅲ类标准。

地表水水质评价标准

单位：mg/L

序号	项目	Ⅲ类标准值	序号	项目	Ⅲ类标准值	序号	项目	Ⅲ类标准值
1	水温/℃	—	11	五日生化需氧量	≤4	21	阴离子表面活性剂	≤0.2
2	pH（无量纲）	6～9	12	总氮	≤1.0	22	硫化物	≤0.2
3	溶解氧	≥5	13	铜	≤1.0	23	硒	≤0.01
4	高锰酸盐指数	≤6	14	锌	≤1.0	24	总氮（湖、库，以 N 计）	≤1.0
5	氨氮	≤1.0	15	砷	≤0.05			
6	石油类	≤0.05	16	汞	≤0.000 1			
7	挥发酚	≤0.005	17	铅	≤0.05			
8	总磷	≤0.2	18	镉	≤0.005			
9	氟化物	≤1.0	19	六价铬	≤0.05			
10	粪大肠菌群/（个/L）	≤10 000	20	氰化物	≤0.2			

河北、湖北、重庆和贵州的试点村庄未出现地表水水质监测断面超标现象。

2011 年，试点村庄地表水水质主要超标指标为粪大肠菌群、总磷、五日生化需氧量、高锰酸盐指数和氨氮。湖泊（水库）水质首要超标指标为总氮，超标率为 27.9%。少数试点村庄地表水监测断面存在重金属超标现象。

9.3.2 试点村庄地表水水质年际变化

2009—2011 年，试点村庄监测地表水断面（点位）数量由 77 个增加到 337 个。Ⅰ～Ⅲ类水质断面比例由 2009 年的 10.4%上升至 2011 年的 47.5%，Ⅳ、Ⅴ类水质断面比例由 2009 年的 63.6%下降至 2011 年的 32.9%，劣Ⅴ类水质断面比例波动变化。

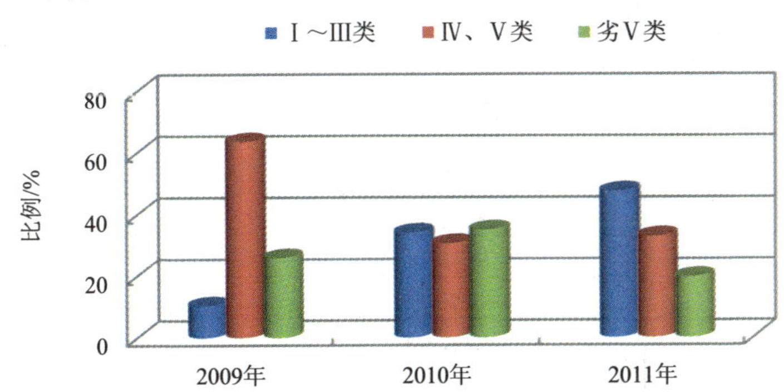

图 9-6　农村试点村庄地表水水质类别比例年际变化

9.4 试点村庄土壤环境质量

2011 年，30 个省份共对 241 个试点村庄的农田、菜地、养殖场周边、企业周边、居民区和垃圾场周边土壤 6 种土地利用类型的土壤环境质量进行了监测，112 个村庄存在不同程度的土壤超标，超标村庄比例为 46.5%。共采集 2 806 个土壤样品，其中未超标土壤样品 2 203 个，占 78.5%；超标土壤样品 603 个，占 21.5%。无机污染物超标比例明显高于有机污染物，主要超标污染物为镉、镍、铜和硒。

试点村庄土壤环境质量采用达标评价和污染指数评价相结合的方法，评价标准为《土壤环境质量标准》（GB 15618—1995）。《土壤环境质量标准》以外的污染物，参照《全国土壤污染状况评价技术规定》（环发[2008]39 号）评价。

土壤环境质量标准值

单位：mg/kg

监测项目	二级标准			备注
pH 值（无量纲）	＜6.5	6.5～7.5	＞7.5	《土壤环境质量标准》（GB 15618—1995）
镉	0.30	0.30	0.60	
汞	0.30	0.50	1.0	
砷	40	30	25	
铜	50	100	100	
铅	250	300	350	
铬	150	200	250	
锌	200	250	300	
镍	40	50	60	
六六六	0.50			
滴滴涕	0.50			
钴	40			《全国土壤污染状况评价技术规定》
硒	1.0			
苯并（a）芘	0.10			

单项污染指数计算公式为：$P_{ip}=C_i/S_{ip}$

式中：P_{ip}为土壤中污染物 i 的单项污染指数，C_i为调查点位土壤中污染物 i 的实测浓度，S_{ip}为污染物 i 的评价标准值或参考值。

根据 P_{ip}值的大小，将土壤污染程度划分为五级。

土壤环境质量评价分级

等级	P_{ip}值	污染评价
Ⅰ	$P_{ip}\leqslant 1$	无污染
Ⅱ	$1<P_{ip}\leqslant 2$	轻微污染
Ⅲ	$2<P_{ip}\leqslant 3$	轻度污染
Ⅳ	$3<P_{ip}\leqslant 5$	中度污染
Ⅴ	$P_{ip}>5$	重度污染

表 9-2 2011 年农村试点村庄土壤环境监测指标情况汇总

监测项目	监测个数	数值范围/（mg/kg）	超标个数	超标比例/%
镉	2 760	未检出～7.65	262	9.5
汞	2 770	未检出～3.01	51	1.8
砷	2 782	未检出～209	82	3.0
铜	2 789	未检出～570	123	4.4
铅	2 755	未检出～533	6	0.2
铬	2 595	未检出～322	16	0.6
锌	2 789	未检出～473	62	2.2
镍	2 727	0.25～ 251.5	127	4.7
硒	2 553	未检出～43	104	4.1
钴	2 328	未检出～ 150.73	34	1.5
六六六总量	1 988	未检出～0.65	2	0.1
滴滴涕总量	1 986	未检出～2.02	4	0.2

对不同土地利用类型土壤环境质量综合污染评价：2011 年，试点村庄监测的 6 种土地利用类型中，垃圾场周边、农田和菜地土壤环境存在超标的村庄数相对较多。重度污染土壤中，垃圾场周边土壤所占比例居首位，为 3.1%；其次为居民区周边土壤；其余类型土壤均无重度污染情况。中度污染土壤中，农田土壤所占比例最大，为 4.4%；其次为企业周边土壤和菜地土壤；其余土地利用类型土壤环境无中度污染。

对比不同土地利用类型土壤污染情况，不同污染程度村庄占监测村庄总数比例排序如下：

重度污染：垃圾场周边（3.1%）＞居民区周边（2.7%）

中度污染：农田（4.4%）＞企业周边（3.2%）＞菜地（1.3%）

轻度污染：养殖场周边（8.7%）＞农田（4.4%）＞企业周边（3.2%）＞居民区周边（2.7%）＞菜地（2.6%）

轻微污染：垃圾场周边（29.0%）＞菜地（22.4%）＞农田（22.2%）＞企业周边（16.1%）＞居民区周边（13.5%）＞养殖场周边（10.9%）

无污染：居民区周边（81.1%）＞养殖场周边（80.4%）＞企业周边（77.5%）＞菜地（73.7%）＞农田（69.0%）＞垃圾场周边（67.9%）

对不同土地利用类型超标污染物评价：6 种土地利用类型的土壤中无机和有机项目的监测结果表明，各种污染物含量水平差别明显，无机项目含量水平总体高于有机项目。主要无机污染物为镉、砷、铜和硒等，其中镉超标率居首位。不同土地利用类型土壤中污染物超标比例排序如下：

农田：镉（12.4%）＞砷（7.8%）＞硒（5.8%）＞钴（3.8%）＞镍（3.4%）＞铜（3.3%）＞汞（2.2%）＞铬（1.2%）

菜地：镉（13.2%）＞铜（6.5%）＞汞（2.6%）＞砷（2.6%）＞滴滴涕总量（2.0%）＞钴（1.5%）＞硒（1.4%）＞镍（1.4%）＞铅（1.3%）

养殖场周边：砷（6.5%）＞铜（6.5%）＞镍（6.5%）＞镉（4.4%）＞钴（2.6%）＞锌（2.2%）

企业周边：镉（16.7%）＞铜（9.7%）＞硒（6.7%）＞砷（6.5%）＞锌（6.5%）＞镍（3.3%）

垃圾场周边：镉（12.5%）＞钴（7.7%）＞硒（6.9%）＞镍（6.5%）＞铜（6.3%）＞砷（3.1%）

居民区周边：镉（9.6%）＞硒（4.3%）＞砷（4.1%）＞镍（1.4%）＞铜（1.3%）

10 土壤试点监测环境质量

各省（自治区、直辖市）企业周边土壤环境质量总体状况一般。1 785 个土样中，达标样品个数为 1 409 个，所占比例为 78.9%；超标样品个数为 376 个，所占比例为 21.1%。

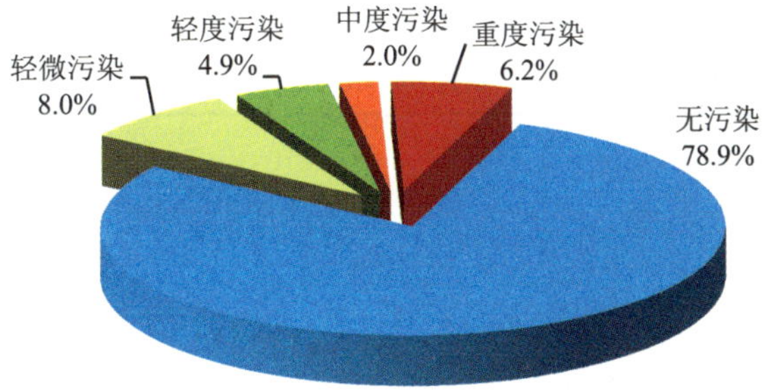

图 10-1　2011 年全国土壤污染程度构成比例

土壤试点监测环境质量评价依据《土壤环境质量标准》（GB 15618—1995）和《全国土壤污染状况评价技术规定》（环发[2008]39 号）。

土壤环境质量标准值

<table>
<tr><th rowspan="3">序号</th><th rowspan="3" colspan="2">评价项目</th><th colspan="4">参考标准值/（mg/kg）</th><th rowspan="3">来源</th></tr>
<tr><th colspan="3">耕地、草地、未利用地</th><th rowspan="2">林地</th></tr>
<tr><th>pH<6.5</th><th>pH 6.5～7.5</th><th>pH>7.5</th></tr>
<tr><td>1</td><td colspan="2">镉</td><td>0.30</td><td>0.30</td><td>0.60</td><td>1.0</td><td rowspan="9">《土壤环境质量标准》（GB 15618—1995）</td></tr>
<tr><td>2</td><td colspan="2">汞</td><td>0.30</td><td>0.50</td><td>1.0</td><td>1.5</td></tr>
<tr><td rowspan="2">3</td><td rowspan="2">砷</td><td>旱地</td><td>40</td><td>30</td><td>25</td><td rowspan="2">40</td></tr>
<tr><td>水田</td><td>30</td><td>25</td><td>20</td></tr>
<tr><td>4</td><td colspan="2">铅</td><td>250</td><td>300</td><td>350</td><td>500</td></tr>
<tr><td rowspan="2">5</td><td rowspan="2">铬</td><td>旱地</td><td>150</td><td>200</td><td>250</td><td rowspan="2">400</td></tr>
<tr><td>水田</td><td>250</td><td>300</td><td>350</td></tr>
<tr><td>6</td><td colspan="2">铜</td><td>50</td><td>100</td><td>100</td><td>400</td></tr>
</table>

<table>
<tr><th rowspan="3">序号</th><th rowspan="3" colspan="2">评价项目</th><th colspan="4">参考标准值/（mg/kg）</th><th rowspan="3">来源</th></tr>
<tr><th colspan="3">耕地、草地、未利用地</th><th rowspan="2">林地</th></tr>
<tr><th>pH＜6.5</th><th>pH 6.5～7.5</th><th>pH＞7.5</th></tr>
<tr><td>7</td><td colspan="2">锌</td><td>200</td><td>250</td><td>300</td><td>500</td><td rowspan="2">《土壤环境质量标准》（GB 15618—1995）</td></tr>
<tr><td>8</td><td colspan="2">镍</td><td>40</td><td>50</td><td>60</td><td>200</td></tr>
<tr><td>9</td><td colspan="2">锰*</td><td colspan="4">1 500</td><td>澳大利亚保护土壤及地下水调研值</td></tr>
<tr><td>10</td><td colspan="2">钴*</td><td colspan="4">40</td><td rowspan="6">加拿大土壤环境质量标准农用地标准值</td></tr>
<tr><td>11</td><td colspan="2">钒*</td><td colspan="4">130</td></tr>
<tr><td>12</td><td colspan="2">银*</td><td colspan="4">20</td></tr>
<tr><td>13</td><td colspan="2">铊*</td><td colspan="4">1</td></tr>
<tr><td>14</td><td colspan="2">锑*</td><td colspan="4">20</td></tr>
<tr><td>15</td><td>多环芳烃</td><td>苯并[a]芘*</td><td colspan="4">0.10</td></tr>
</table>

注：* 评价标准参考值

按点位超标率由高到低排序依次为：镉（14.2%）＞锌（8.2%）＞苯并（a）芘（7.7%）＞钒（7.0%）＞铊（5.9%）＞铜（5.4%）＞砷（4.8%）＞锰（4.7%）＞锑（4.2%）＞汞（4.2%）＞镍（3.8%）＞铅（2.7%）＞铬（1.8%）＞钴（1.7%）＞银（0.0%）。

从污染程度看，企业周边土壤重度污染的污染物以镉和苯并（a）芘为主，污染比例分别为3.8%和1.9%；土壤中度污染的污染物以锌和锑为主，污染比例分别为1.4%和1.4%；土壤轻度污染的污染物以镉和钒为主，污染比例分别为3.7%和3.7%；土壤轻微污染的污染物以镉和锌为主，污染比例分别为5.5%和3.9%。

从行政区分布看，北京、天津、上海、山西、黑龙江、山东、陕西和新疆企业周边土壤无超标点位。点位超标率居前3位的省份是云南、湖南和广西，超标率分别为91.4%、78.6%和65.4%，重度污染比例分别为44.8%、53.7%和15.5%，镉、汞、砷、铅、铬、镍、锌、钒、锰等均有不同程度超标。

从行业分类看，在七类行业企业周边土壤中重金属的超标率大小依次为：采矿行业（58.3%）＞纺织行业（40%）＞电力行业（38.5%）＞化工行业（28.6%）＞其他行业（27.3%）＞钢铁行业（22.5%）＞电镀行业（21.6%）。重污染土壤主要集中在采矿行业企业周边，土壤重度污染的比例为23.9%。

从污染物分担率看，镉对七类行业企业周边土壤污染的贡献均较高，尤其对采矿行业贡献最高（40%）；汞和铅对七类行业企业周边土壤污染的贡献较低；砷对其他行业周边土壤污染的贡献最高（37%）；铬对纺织行业贡献最高（26%）。

从企业周边土壤环境质量综合评价结果看，属清洁的有170个，占总数的62.1%；尚清洁的有22个，占8.0%；轻度污染的有36个，占13.1%；中度污染的有9个，占3.3%；重污染的有37个，占13.5%。

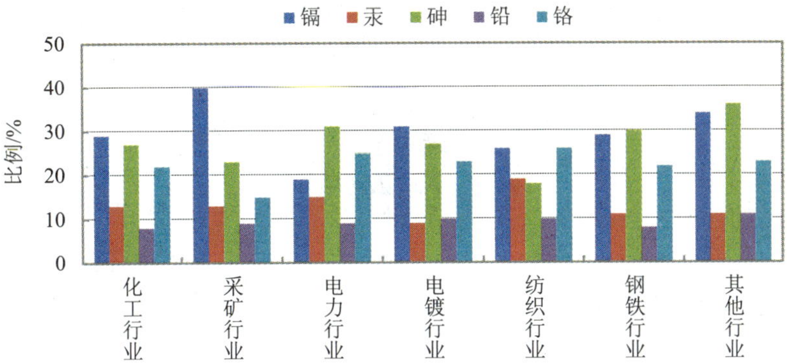

图 10-2　2011 年不同行业周边土壤污染物分担率

土壤单项污染指数、土壤综合污染指数、土壤污染分担率的计算和土壤污染程度分级执行《土壤环境监测技术规范》(HJ/T 166—2004)和《全国土壤污染状况评价技术规定》(环发[2008]39 号)等的相关规定。单项污染指数及评价分级的内容参见“9 农村试点监测环境质量”相关解释。

$$土壤综合污染指数\ P_{综}=\sqrt{\frac{(平均单项污染指数)^2+(最大单项污染指数)^2}{2}}$$

土壤综合污染指数分级

等级	综合污染指数（$P_{综}$）	污染等级
I	$P_{综}\leqslant 0.7$	清洁（安全）
II	$0.7<P_{综}\leqslant 1.0$	尚清洁（警戒限）
III	$1<P_{综}\leqslant 2.0$	轻度污染
IV	$2<P_{综}\leqslant 3.0$	中度污染
V	$P_{综}>3.0$	重污染

$$土壤污染物分担率（\%）=\frac{土壤某项污染指数}{各项污染指数之和}\times 100\%$$

11

辐射环境质量

11.1 辐射环境质量状况

11.1.1 电离辐射环境*

11.1.1.1 环境γ辐射空气吸收剂量率

2011 年，31 个省（自治区、直辖市）的 38 个辐射环境自动监测站γ辐射空气吸收剂量率无明显变化，按站点统计年均值范围为（63.4～188.0）纳戈/时，平均值为 92.1 纳戈/时，排除降雨的影响，均在当地的天然本底水平涨落范围内。

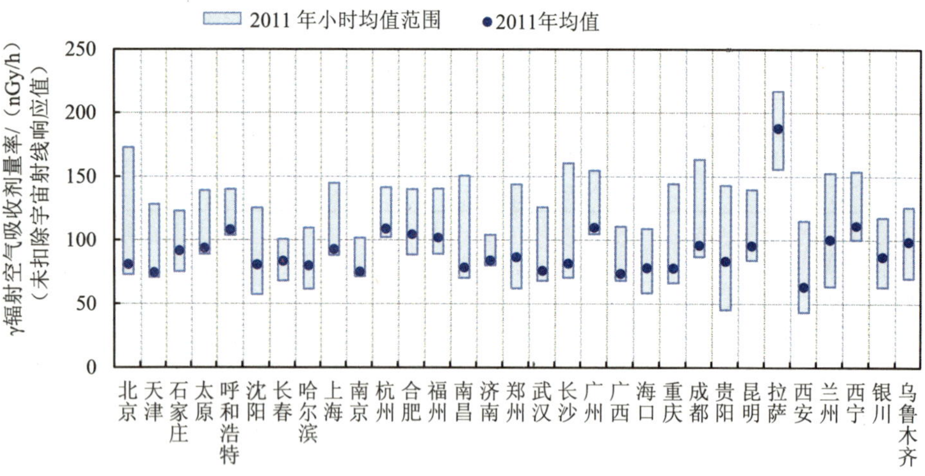

图 11-1 2011 年省会城市和直辖市辐射环境自动监测站γ辐射空气吸收剂量率

> 环境γ辐射空气吸收剂量率监测分为三种方式，第一种方式为自动站连续测量，实时测量固定监测点γ辐射空气吸收剂量率的连续变化值，对环境水平的任何非预期增加给出警告，以便在突发核事故时发出报警信号；第二种方式为即时测量，直接测量点位γ辐射空气吸收剂量率的瞬时值；第三种方式为累积测量，通过布设热释光剂量计测出一定间隔时间内环境

* 本节环境电离辐射水平不包括日本福岛核事故期间我国辐射环境质量监测结果。

辐射场的累积剂量值，并依据累积剂量值和布设的时间间隔计算出γ辐射空气吸收剂量率。不同地区辐射环境自动监测站测得的环境γ辐射空气吸收剂量率，与空气和土壤中放射性核素活度浓度和宇宙射线强度有关。其中，海拔高度是宇宙射线强度最重要的影响因素，我国31个省（自治区、直辖市）中西藏的宇宙射线有效剂量率最高。此外，因降雨等气候条件影响，空气中天然放射性核素氡-222的衰变子体冲刷至地面沉积，可使环境γ辐射空气吸收剂量率增加50%～100%，但由于核素的半衰期短，通常几个小时后γ辐射空气吸收剂量率即下降至常规环境水平。

11.1.1.2　空气

2011年，全国辐射环境自动监测站气溶胶和沉降物总α、总β活度浓度，以及空气中氚活度浓度与上年相比无明显变化，均为环境正常水平。

25个省（自治区、直辖市）的30个辐射环境自动监测站按站点统计气溶胶总α活度浓度年均值范围为（0.08～2.18）毫贝可/米^3，平均值为0.39毫贝可/米^3；气溶胶总β活度浓度年均值范围为（0.22～2.99）毫贝可/米^3，平均值为1.34毫贝可/米^3。

25个省（自治区、直辖市）的29个辐射环境自动监测站按站点统计沉降物总α日沉降量年均值范围为每天0.08～1.62贝可/米^2，平均值为每天0.47贝可/米^2；沉降物总β日沉降量年均值范围为每天0.14～4.32贝可/米^2，平均值为每天0.92贝可/米^2。

9个省（自治区、直辖市）的13个辐射环境自动监测站按站点统计空气氚化水（HTO）活度浓度年均值范围为（<22～28）毫贝可/米^3。

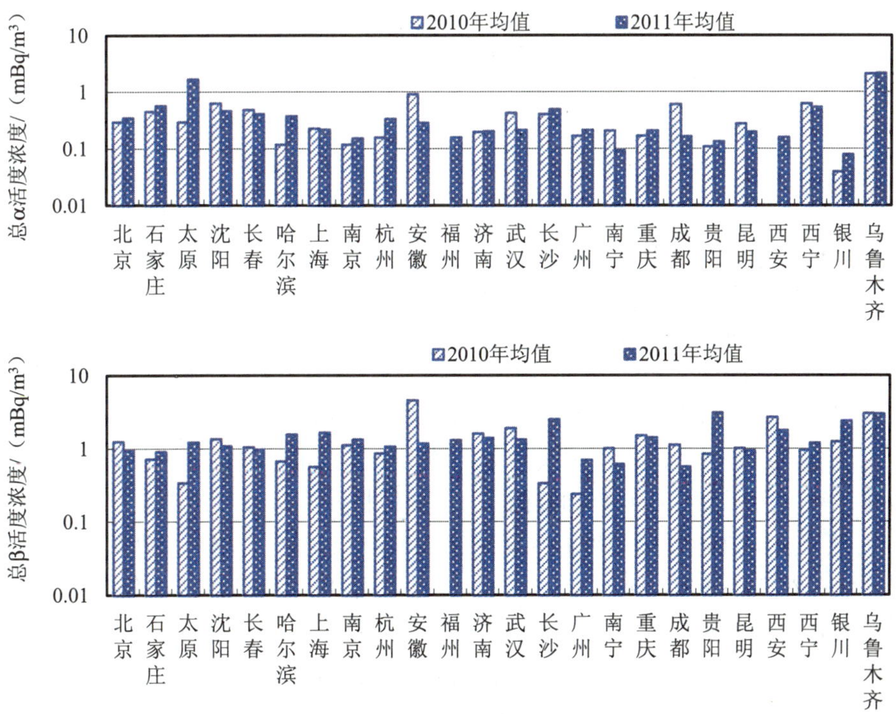

图11-2　部分省会城市和直辖市气溶胶总α和总β活度浓度

（注：2011年气溶胶总α活度浓度监测新增福州市与西安市，总β活度浓度监测新增福州市）

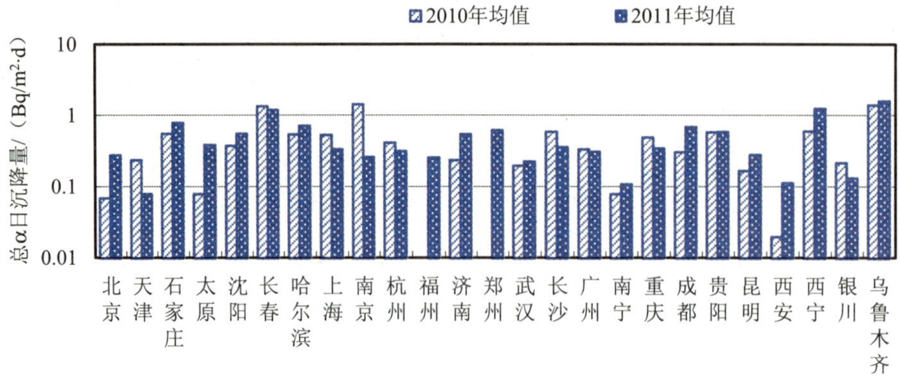

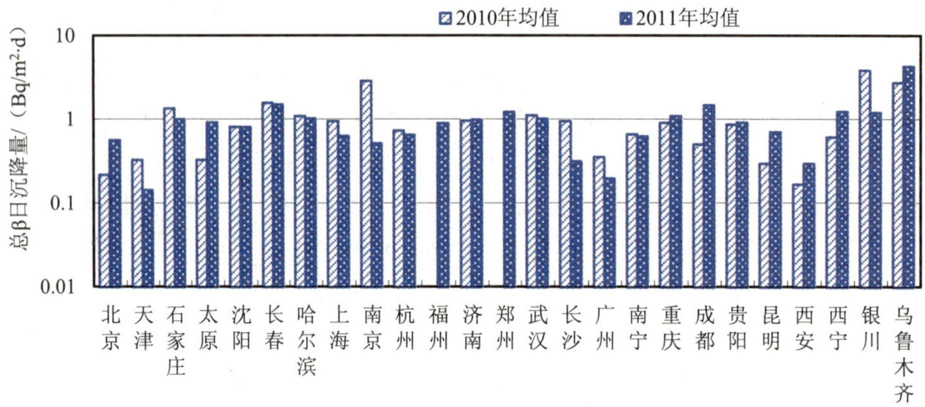

图 11-3　部分省会城市和直辖市沉降物总α和总β日沉降量

（注：2011 年沉降物总α与总β日沉降量监测新增福州市与郑州市）

11.1.1.3　水体

2011 年，长江水系 24 个断面、黄河水系 11 个断面、珠江水系 6 个断面、松花江水系 8 个断面、淮河水系 3 个断面、海河水系 3 个断面、辽河水系 5 个断面、浙闽区河流 17 个断面、西北诸河 4 个断面、西南诸河 5 个断面，以及昆明湖、兴凯湖、镜泊湖、淀山湖、太湖、西湖、巢湖、鄱阳湖、洞庭湖和黑山湖 10 个重点湖泊，密云水库、怀柔水库、岗南水库和新安江水库 4 个水库放射性核素活度浓度与历年相比无明显变化，其中天然放射性核素活度浓度与 1983—1990 年全国天然放射性水平调查值处于同一水平。主要江河水系放射性核素铀浓度主要集中在 0.1～3.0 微克/升，放射性核素钍浓度主要集中在 0.10～1.0 微克/升，放射性核素镭-226 活度浓度主要集中在 2.0～15.0 毫贝可/米 ^{3}，放射性核素钾-40 活度浓度主要集中在 30～300 毫贝可/米 ^{3}，放射性核素锶-90 活度浓度主要集中在 1.5～6.0 毫贝可/米 ^{3}，放射性核素铯-137 活度浓度主要集中在 0.2～2.0 毫贝可/米 ^{3}。

天津、呼和浩特、吉林、上海、福州、青岛、海口、昆明、银川和金昌 10 个城市开展监测的集中式地表饮用水源地，以及上海和新疆伊宁 2 个城市开展监测的地下饮用水源地放射性核素活度浓度与历年相比无明显变化，其中总α和总β活度浓度均低于《生活饮用水卫生标准》（GB 5749—2006）中规定的放射性指标指导值。

我国渤海辽宁葫芦岛和天津近岸海域，黄海山东青岛近岸海域，东海上海、浙江舟山、宁波、台州、温州近岸海域，北部湾广西北海近岸海域，南海广东汕头近岸海域海水放射性核素活度浓度与历年相比无明显变化，人工放射性核素锶-90和铯-137活度浓度均在《海水水质标准》（GB 3097—1997）规定的限值内。

表 11-1　2011 年各类水体中放射性核素活度浓度

水类别	断面数	放射性核素活度浓度					
		U/（μg/L）	Th/（μg/L）	^{226}Ra/（mBq/L）	^{40}K/（mBq/L）	^{90}Sr/（mBq/L）	^{137}Cs/（mBq/L）
长江	24	0.25～3.90	0.18～1.02	1.4～12.1	11～398	ND～7.3	ND～1.8
黄河	11	0.89～6.73	0.30～3.40	1.9～14.7	29～326	ND～6.4	ND
珠江	6	0.23～0.39	0.12～0.25	5.1～6.7	26～334	ND～2.5	ND
松花江	8	0.06～2.91	0.12～0.44	2.4～14.7	36～112	4.0～5.1	0.7～1.0
淮河	3	0.80～1.32	0.15～2.45	ND～6.5	265～293	ND～4.1	ND
海河	3	ND～5.54	0.01～1.75	ND～13.6	206～634	ND～5.0	ND
辽河	5	0.13～2.04	0.18～0.56	2.3～12.8	84～514	1.8～2.6	0.4～0.6
浙闽区河流	17	ND～4.50	ND～2.66	3.3～20.2	66～907	1.7～3.8	ND～0.4
西北诸河	4	3.62～4.75	0.66～0.87	15.2～16.8	99～220	3.7～5.9	3.2～4.2
西南诸河	5	1.28～3.70	0.27～0.66	7.9～19.7	104～370	ND～4.9	ND
湖泊	10	0.02～3.17	ND～0.82	ND～14.2	54～754	ND～5.2	ND～1.5
水库	4	0.16～1.88	0.01～0.08	7.0～13.7	38～122	ND～4.4	ND
海水	10	ND～6.20	0.01～1.27	ND～14.8	—	ND～7.4	ND～1.6

注：“ND”表示小于探测下限，未检出。

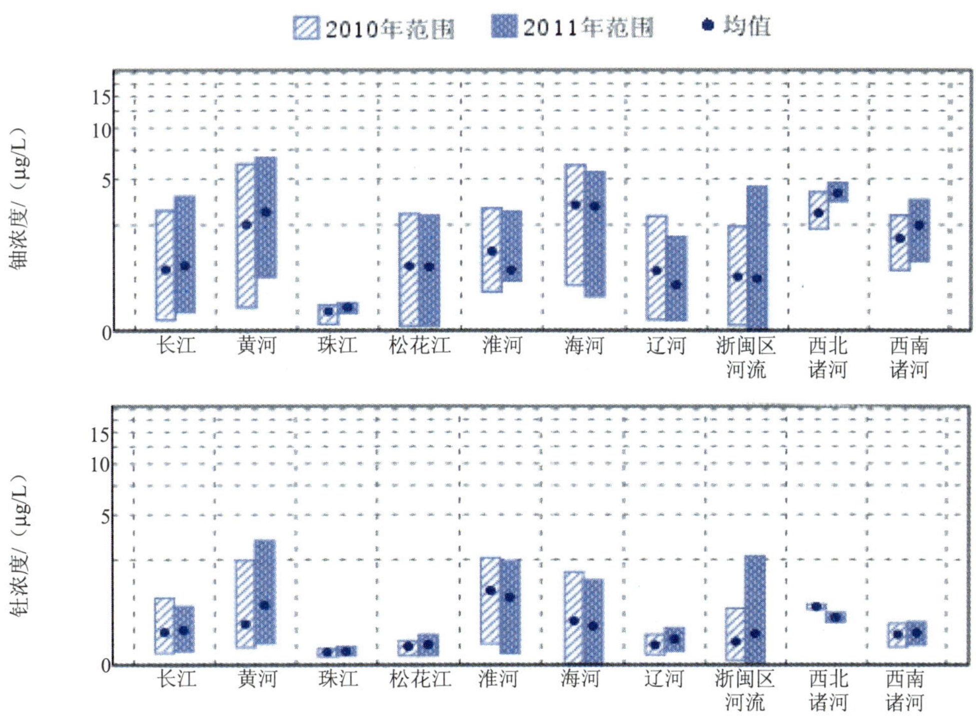

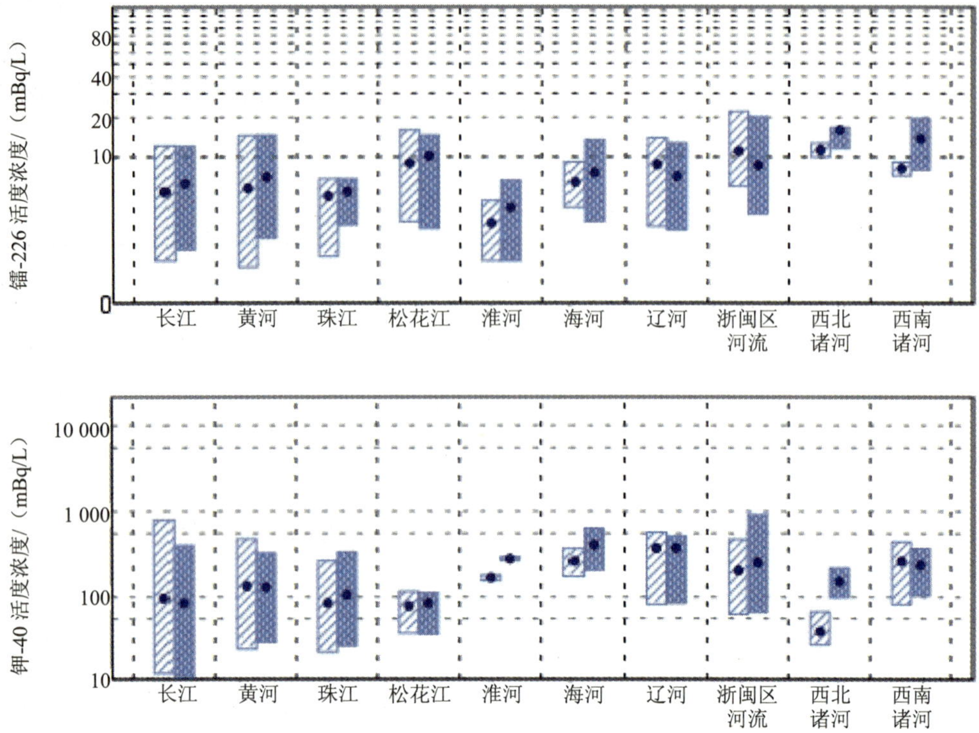

图 11-4 主要江河水系天然放射性核素活度浓度

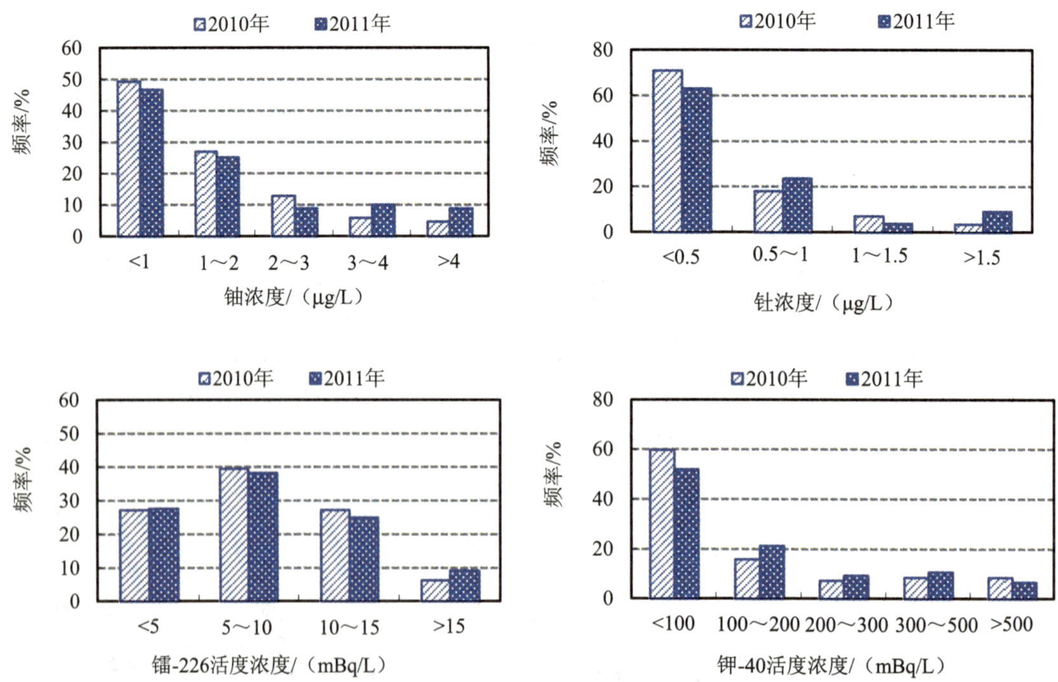

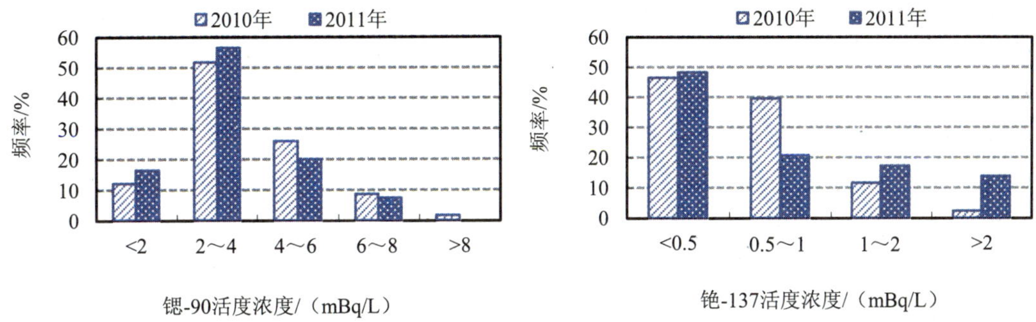

图 11-5　主要江河水系放射性核素活度浓度频率分布

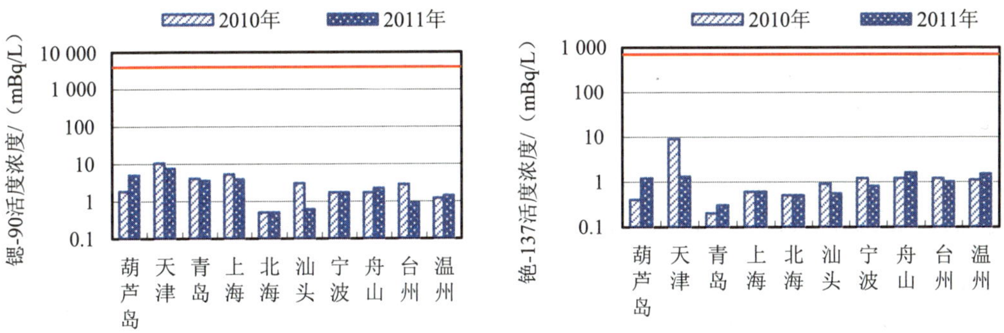

图 11-6　近岸海域海水放射性核素活度浓度

（注：图中红线为《海水水质标准》规定的限值：锶-90 为 4 000 mBq/L、铯-137 为 700 mBq/L）

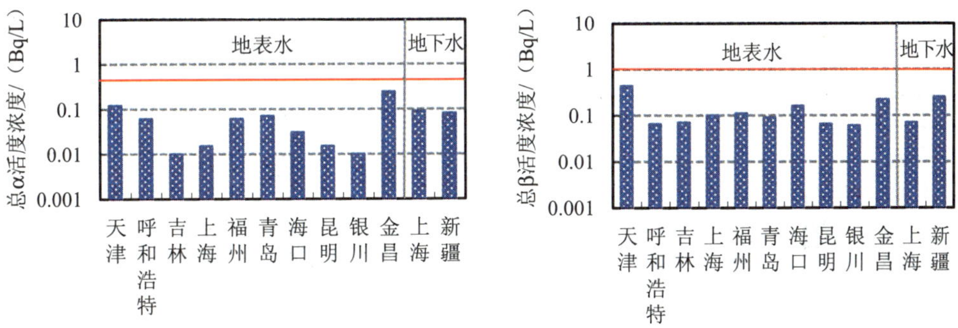

图 11-7　水源地饮用水放射性核素活度浓度

（注：图中红线为《生活饮用水卫生标准》规定的放射性指标指导值，总α为 0.5 Bq/L、总β为 1.0 Bq/L）

11.1.1.4　土壤

2011 年，全国省会城市和直辖市及部分地级城市土壤放射性核素比活度与历年相比无明显变化，其中天然放射性核素比活度与 1983—1990 年全国天然放射性水平调查值处于同一水平。

各城市土壤放射性核素铀-238 比活度主要集中在（20～60）贝可/千克，放射性核素钍-232 比活度主要集中在（20～60）贝可/千克，放射性核素镭-226 比活度主要集中在

（20～60）贝可/千克，放射性核素钾-40 比活度主要集中在（400～800）贝可/千克，放射性核素锶-90 比活度主要集中在（0.1～2.0）贝可/千克，放射性核素铯-137 比活度主要集中在（0.2～2.0）贝可/千克。各城市土壤中放射性核素铀-238、钍-232、镭-226、钾-40、锶-90 和铯-137 比活度按城市统计平均值为 48.5 贝可/千克、53.4 贝可/千克、41.5 贝可/千克、597 贝可/千克、1.79 贝可/千克和 1.83 贝可/千克。

2011 年，我国土壤中放射性核素比活度分布的大致趋势为：铀-238 分布趋势为北低南高，西藏、广西、江西、贵州、湖南、甘肃、云南、广东等省（自治区、直辖市）较高；钍-232 分布趋势为北低南高，西藏、福建、广西、湖南、江西、浙江等省（自治区、直辖市）较高；镭-226 分布趋势为北低南高，广东、贵州、广西、福建、西藏等省（自治区、直辖市）较高；钾-40 分布趋势为东部南低北高，中部由南至北变化不大，西部由南至北变化不大但高于中部，吉林、西藏、辽宁、黑龙江、江苏等省（自治区、直辖市）较高；人工放射性核素锶-90 和铯-137 主要为 20 世纪核爆和切尔诺贝利核电站爆炸残留，全国分布比较均匀。土壤天然放射性核素分布趋势与 1983—1990 年全国环境天然放射性水平调查基本一致。

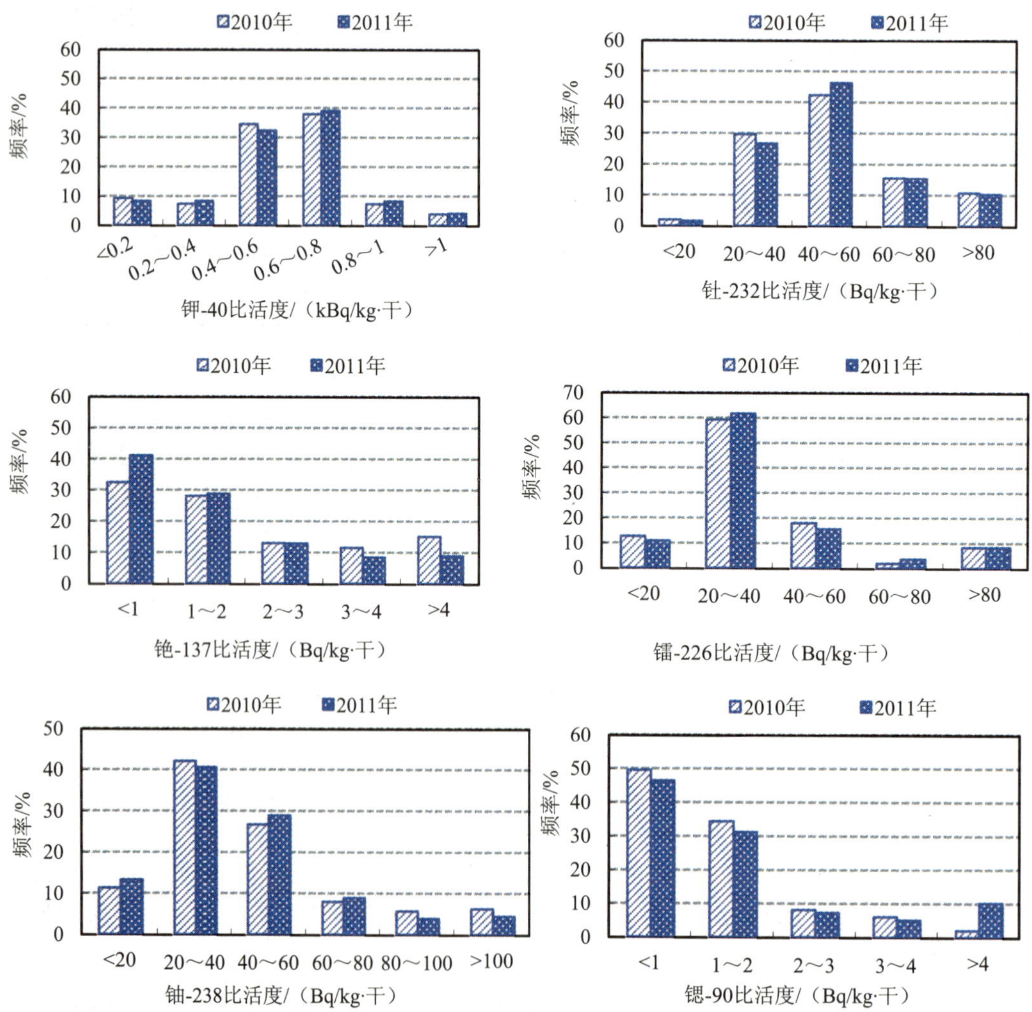

图 11-8 土壤放射性核素比活度频率分布

11.1.2 电磁辐射环境

2011 年，全国 30 个省会城市和直辖市电磁环境综合场强与历年监测结果相比无明显变化，均远低于《电磁辐射防护规定》（GB 8702—88）中有关公众照射参考导出限值 12 伏/米（频率范围为 30～3 000 兆赫兹），电磁环境质量状况良好。2011 年，各城市电磁环境监测点综合场强测量范围为（0.1～2.9）伏/米，平均值为 0.9 伏/米。

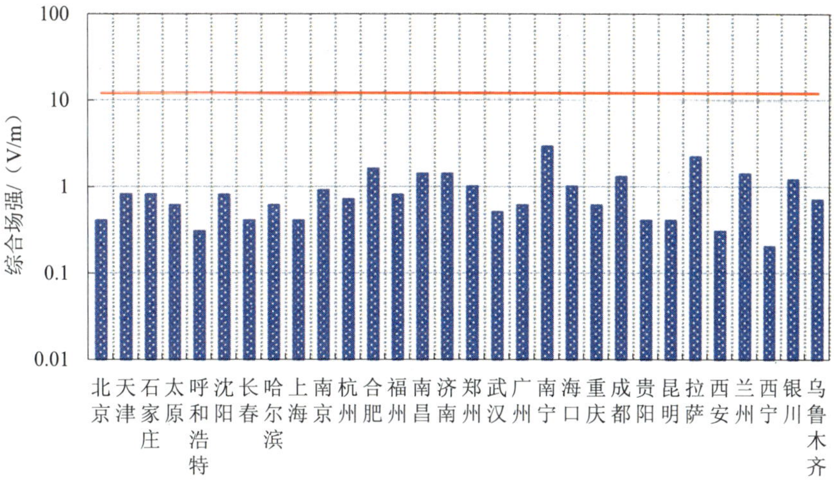

图 11-9 2011 年城市环境电磁辐射水平

（注：图中红线为《电磁辐射防护规定》规定的频率范围为 30～3 000 MHz 的公众照射参考导出限值 12 V/m）

11.2 重点设施周围辐射环境*

11.2.1 电离辐射设施周围辐射环境

11.2.1.1 运行核电厂

近年来，我国核电发展迅猛，自 20 世纪 90 年代以来，已形成浙江秦山、广东大亚湾/岭澳、江苏田湾三大核电基地，共有 15 台机组建成并投入运行。

（1）秦山核电基地

秦山核电基地外围辐射环境自动监测站对各核电厂气载放射性流出物排放进行实时监控。2011 年，9 个自动站γ辐射空气吸收剂量率无明显变化，按站点统计γ辐射空气吸收剂量率年均值范围为（89.6～112.5）纳戈/时，平均值为 101.0 纳戈/时，在当地的天然本底水平涨落范围内。

---

* 本节核与辐射设施周围环境电离辐射水平不包括日本福岛核事故期间我国辐射环境质量监测结果。

外围环境瞬时和累积剂量测得的γ辐射空气吸收剂量率，空气中碳-14活度浓度，气溶胶中总α、总β以及放射性核素活度浓度，沉降物中总α、总β和放射性核素日沉降量，土壤、海域底泥、海滩涂潮间带土、湖塘岸边沉积物中放射性核素比活度，以及各类生物样品中除氚外其他放射性核素比活度与历年相比无明显变化，均与核电厂运行前本底值或对照点监测值同一水平。饮用水总α、总β活度浓度均低于《生活饮用水卫生标准》(GB 5749—2006)中规定的放射性指标指导值。

由于秦山第三核电厂是我国首座重水堆核电站，与轻水堆相比，其慢化剂和冷却剂均采用重水的原因，向环境释放的氚较多。在秦山核电基地周围关键居民点，空气、降水、地表水及部分生物样品中氚活度浓度与核电站运行前本底值或对照点监测值相比有所升高，但仍在历年的波动范围内，其中空气氚化水(HTO)活度浓度平均值为336毫贝可/(米^3·空气)，降水中氚活度浓度平均值为5.7贝可/升，地表水中氚活度浓度平均值为8.0贝可/升。

实施监督监测的国家重点监管核与辐射设施包括核电站，研究堆和实验堆等其他各类反应堆，核燃料生产、加工、贮存和后处理设施，铀矿山及水冶系统，伴生放射性矿物采选利用设施。

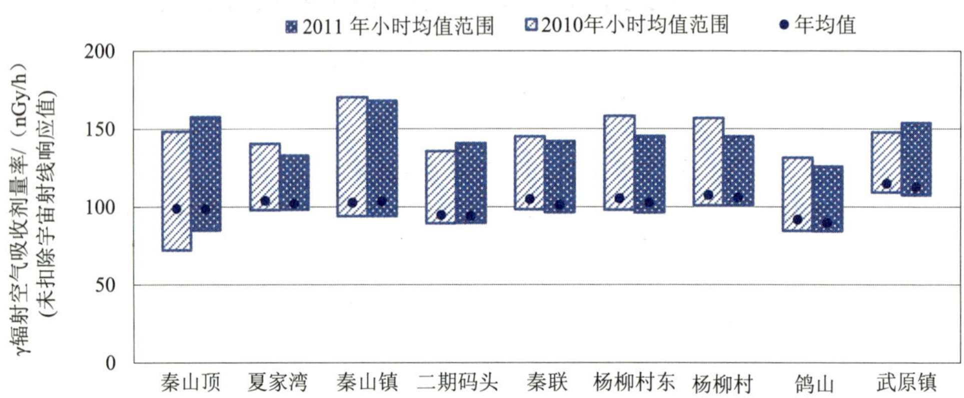

图 11-10　秦山核电基地外围辐射环境自动监测站γ辐射空气吸收剂量率

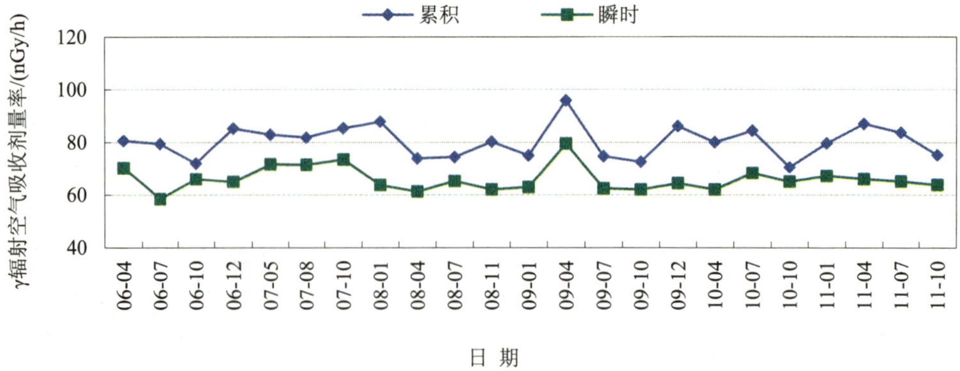

图 11-11　秦山核电基地外围瞬时和累积剂量测得的γ辐射空气吸收剂量率

(注：瞬时γ辐射空气吸收剂量率已扣除宇宙射线响应值，累积剂量测得的γ辐射空气吸收剂量率未扣除宇宙射线响应值)

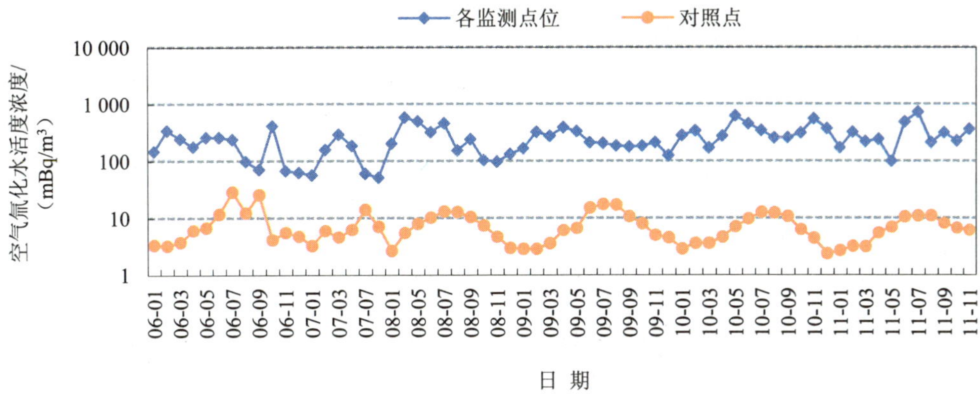

图 11-12　秦山核电基地外围环境空气氚化水（HTO）活度浓度

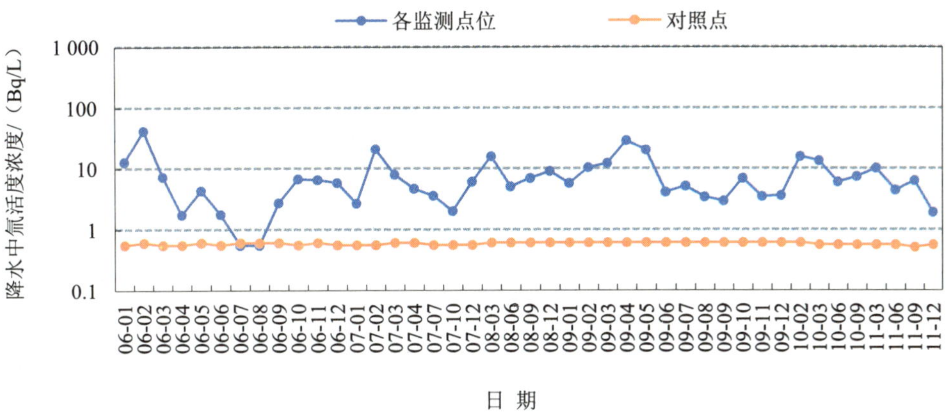

图 11-13　秦山核电基地外围环境降水氚活度浓度

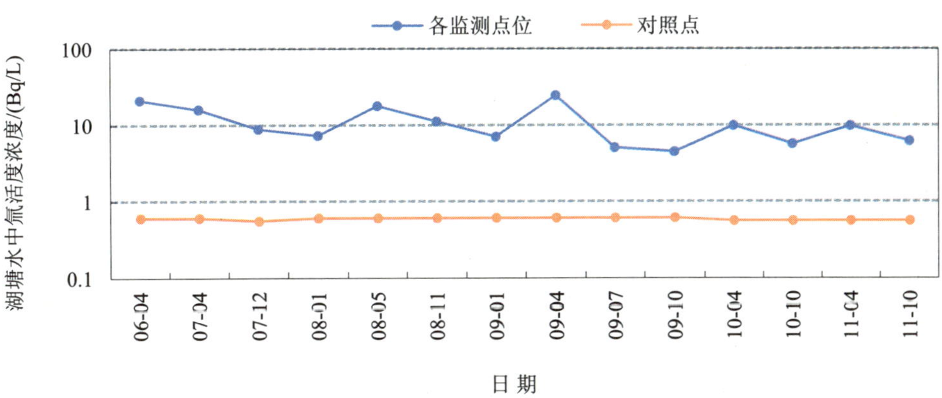

图 11-14　秦山核电基地外围环境湖塘水氚活度浓度

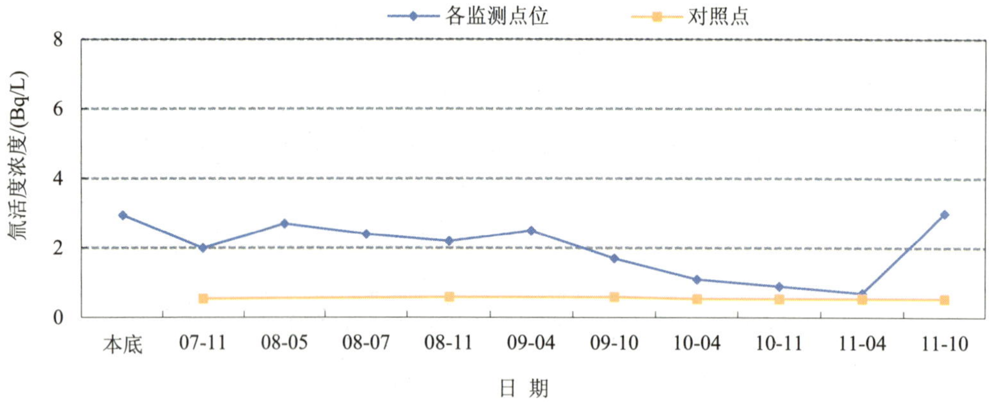

图 11-15 秦山核电基地外围环境海水氚活度浓度

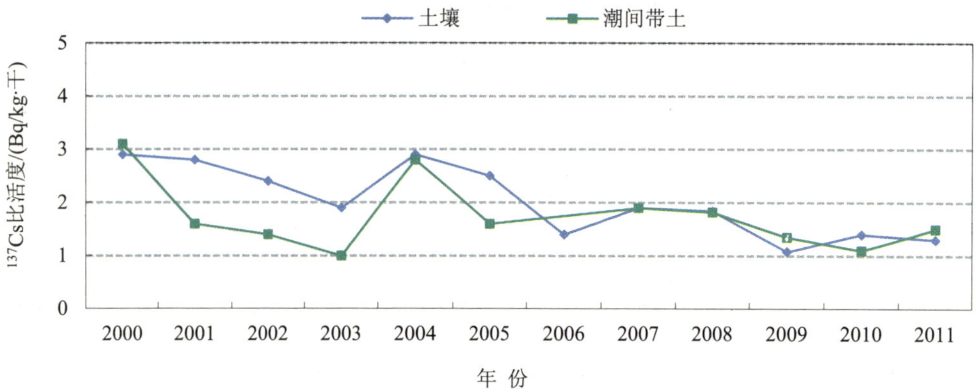

图 11-16 秦山核电基地外围环境土壤和潮间带土铯-137 比活度

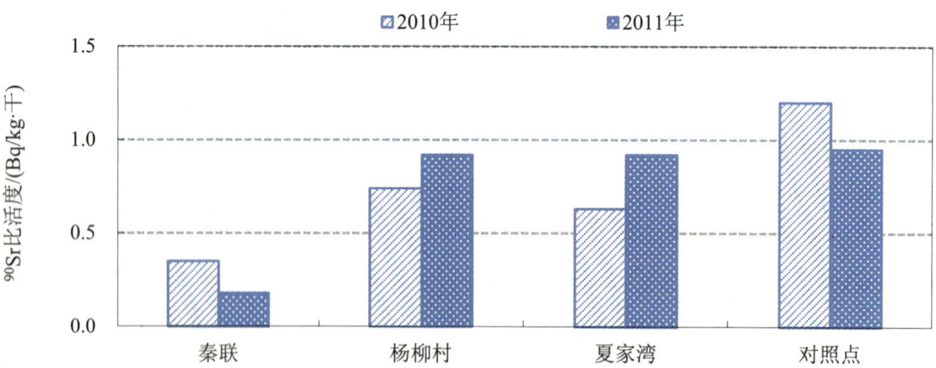

图 11-17 秦山核电基地外围环境土壤锶-90 比活度

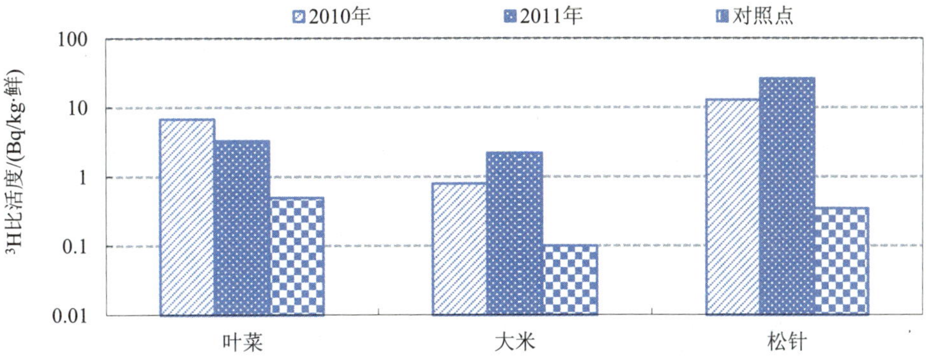

图 11-18　秦山核电基地外围环境出产的生物样品氚比活度

（2）大亚湾/岭澳核电厂

大亚湾/岭澳核电厂外围辐射环境自动监测站对各核电厂气载放射性流出物排放进行实时监控。2011 年，9 个自动站γ辐射空气吸收剂量率无明显变化，按站点统计γ辐射空气吸收剂量率年均值范围为（105.4～135.6）纳戈/时，平均值为 120.1 纳戈/时，在当地的天然本底水平涨落范围内。

外围环境累积剂量测得的γ辐射空气吸收剂量率，空气中氚化水（HTO）活度浓度，降水中氚活度浓度，气溶胶中总α、总β和放射性核素活度浓度，沉降物中总α、总β和放射性核素日沉降量，水库水、饮用水中放射性核素活度浓度，土壤、附近海滩涂潮间带土、海域底泥及各类陆生生物样品中放射性核素比活度与历年相比无明显变化，均与核电厂运行前本底值或对照点监测值同一水平，其中饮用水总α、总β活度浓度均低于《生活饮用水卫生标准》（GB 5749—2006）中规定的放射性指标指导值。

外围西大亚湾海域海水氚活度浓度略高于对照点监测值，2011 年平均值为 3.9 贝可/升，但与历年相比没有升高趋势。由于核电厂实施了控制棒改造技术，西大亚湾海域出产的牡蛎中人工放射性核素银-110m 比活度逐年降低，2011 年澳头出产的牡蛎样品中银-110m 比活度仅为 0.02 贝可/千克·鲜，低于岭澳核电厂运行前监测值。

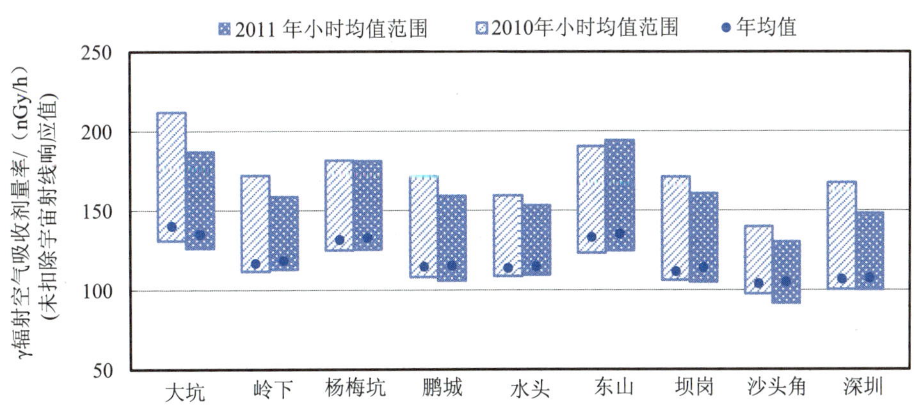

图 11-19　大亚湾/岭澳核电厂外围辐射环境自动监测站γ辐射空气吸收剂量率

图 11-20　大亚湾/岭澳核电厂外围环境累积剂量测得的γ辐射空气吸收剂量率

（注：2006 年、2007—2009 年、2010 年以后使用三种不同的 TLD 剂量计）

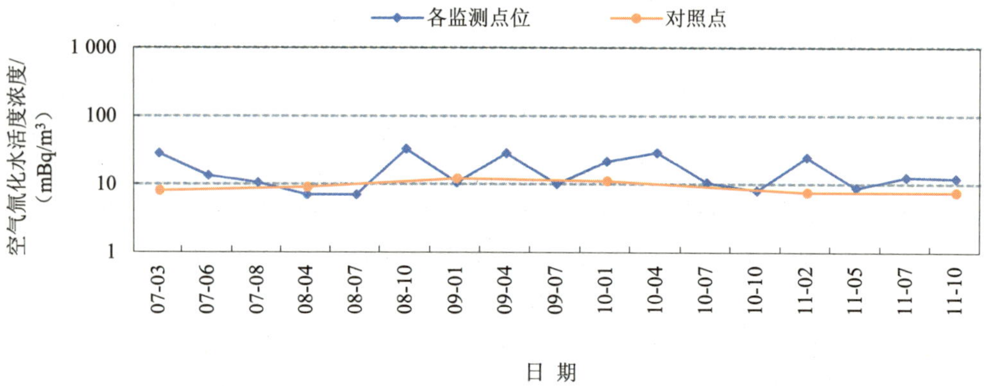

图 11-21　大亚湾/岭澳核电厂外围环境空气氚化水（HTO）活度浓度

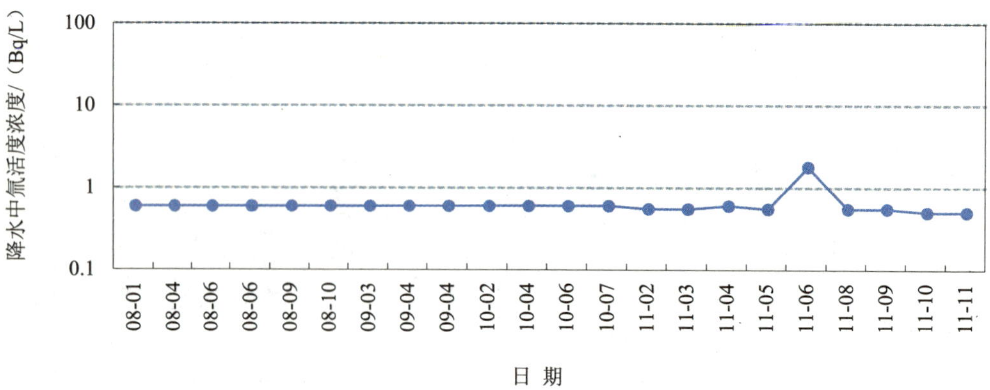

图 11-22　大亚湾/岭澳核电厂外围环境降水氚活度浓度

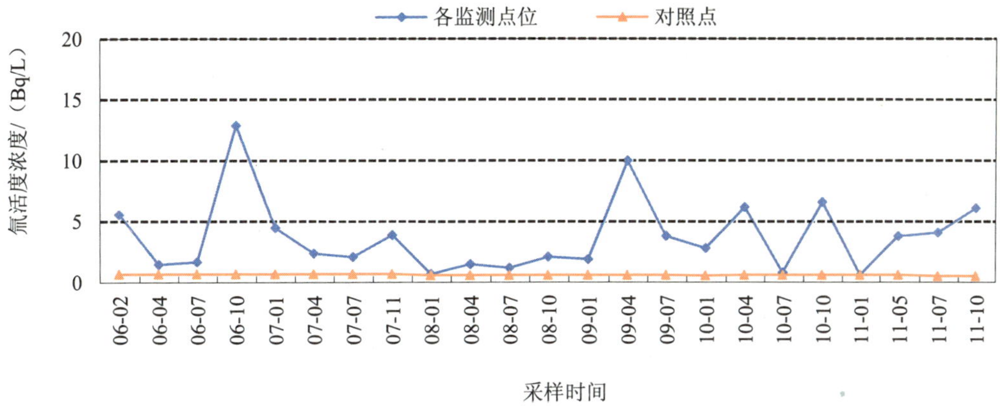

图 11-23 大亚湾/岭澳核电厂附近西大亚湾海域海水氚活度浓度

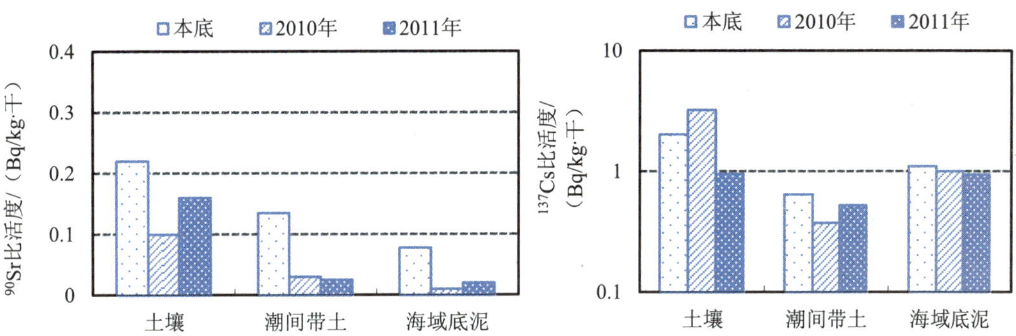

图 11-24 大亚湾/岭澳核电厂外围环境土壤、潮间带土和海域底泥锶-90、铯-137 比活度

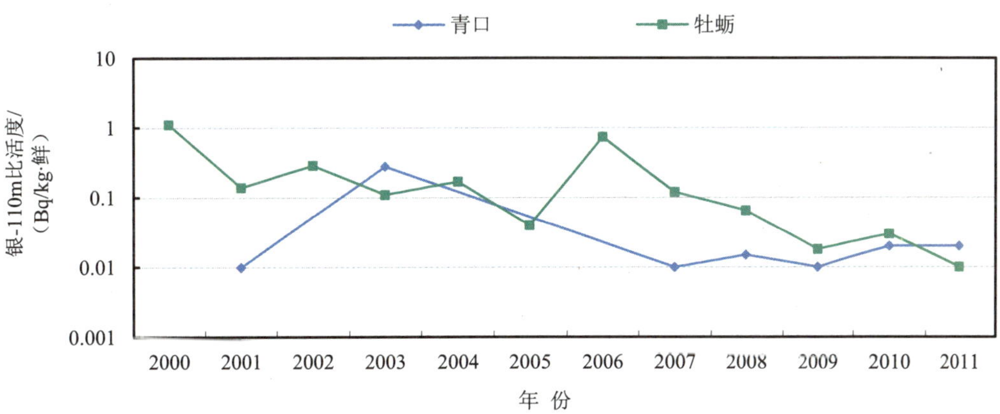

图 11-25 大亚湾/岭澳核电厂附近西大亚湾海域水生生物银-110m 比活度

（3）田湾核电厂

田湾核电厂外围辐射环境自动监测站对核电厂气载放射性流出物排放进行实时监控。2011 年，6 个自动站γ辐射空气吸收剂量率无明显变化，按站点统计γ辐射空气吸收剂量率年均值范围为（92.2～112.8）纳戈/时，平均值为 100.9 纳戈/时，在当地的天然本底水平涨落范围内。

田湾核电厂外围环境瞬时和累积测得的γ辐射空气吸收剂量率，空气中氚化水（HTO）和碳-14 活度浓度，气溶胶总α、总β和放射性素活度浓度，沉降物总α、总β和放射性素日沉降量，降水、河水、水库水、饮用水中放射性核素活度浓度，土壤、河底泥、海滩涂潮间和潮下带土、海盐及各类生物样品中放射性核素比活度与历年相比无明显变化，均与核电厂运行前本底值或对照点监测值同一水平，其中饮用水总α、总β活度浓度均低于《生活饮用水卫生标准》（GB 5749—2006）中规定的放射性指标指导值。

田湾核电厂附近海域海水氚活度浓度高于核电厂运行前本底值和对照点监测值，平均值为 4.6 贝可/升。

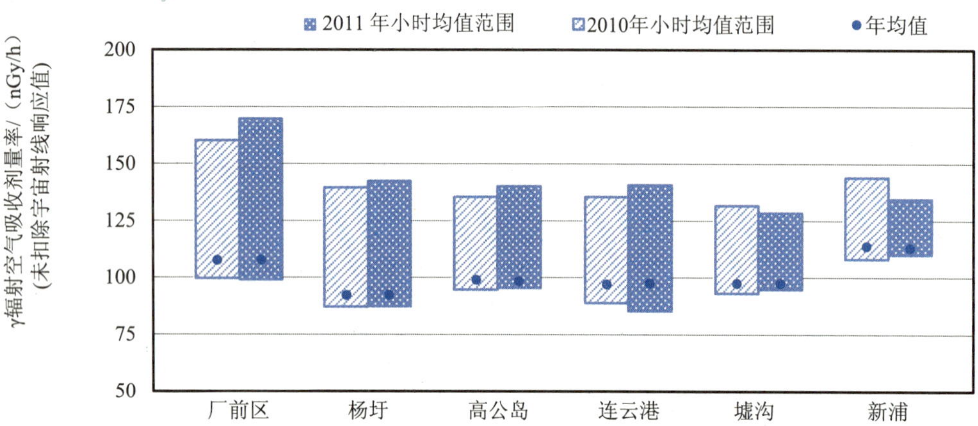

图 11-26　田湾核电厂外围辐射环境自动监测站γ辐射空气吸收剂量率

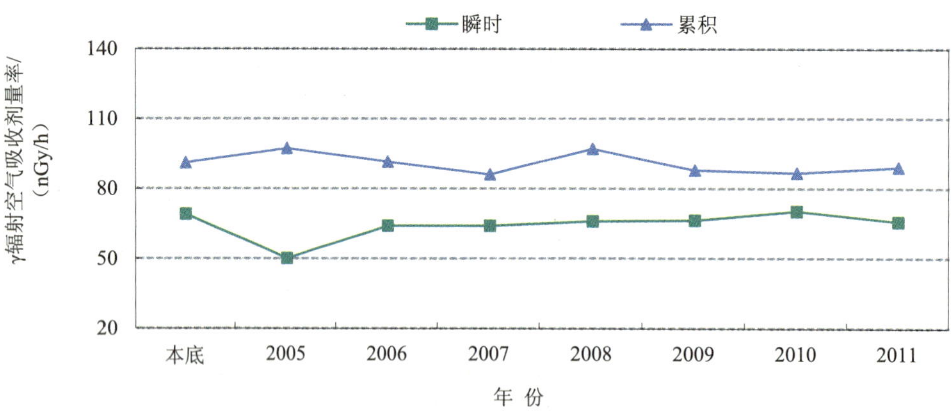

图 11-27　田湾核电厂外围瞬时和累积剂量测得的γ辐射空气吸收剂量率

（注：瞬时γ辐射空气吸收剂量率已扣除宇宙射线响应值，累积剂量测得的γ辐射空气吸收剂量率未扣除宇宙射线响应值）

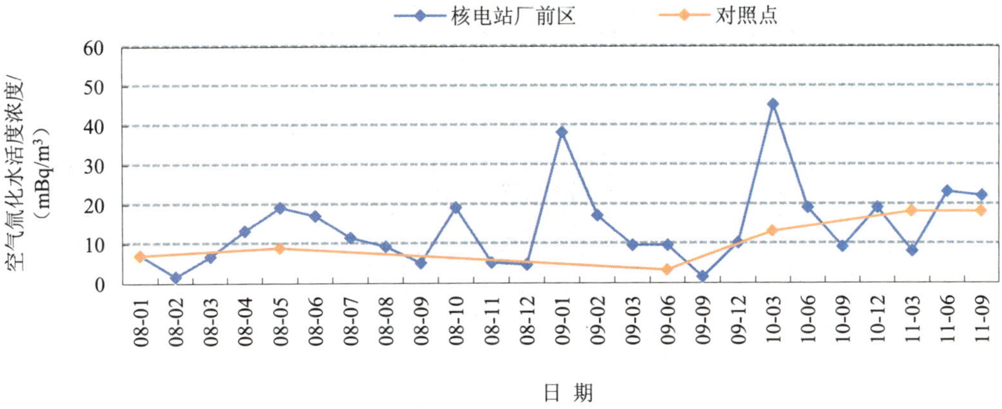

图 11-28 田湾核电厂外围环境空气氚化水（HTO）活度浓度

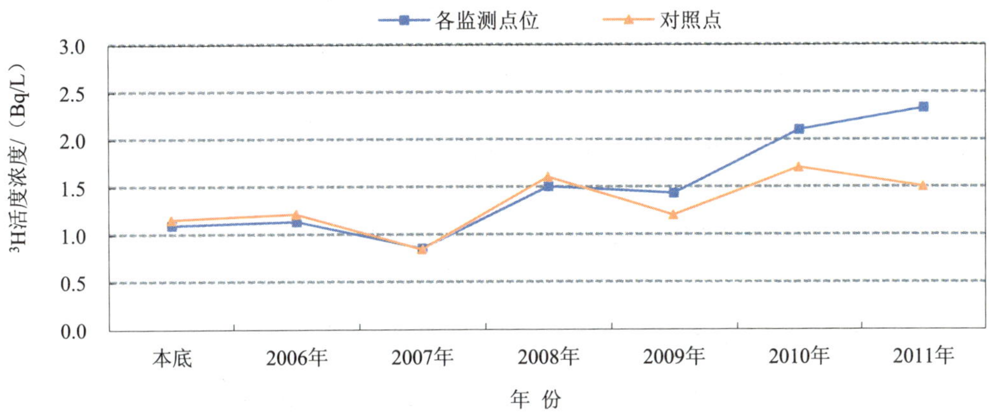

图 11-29 田湾核电厂外围环境降水氚活度浓度

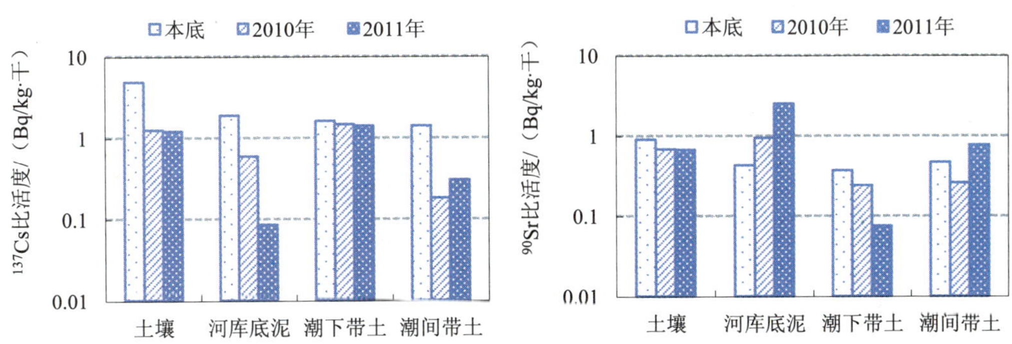

图 11-30 田湾核电厂外围环境土壤、河库底泥、潮下和潮间带土铯-137 和锶-90 比活度

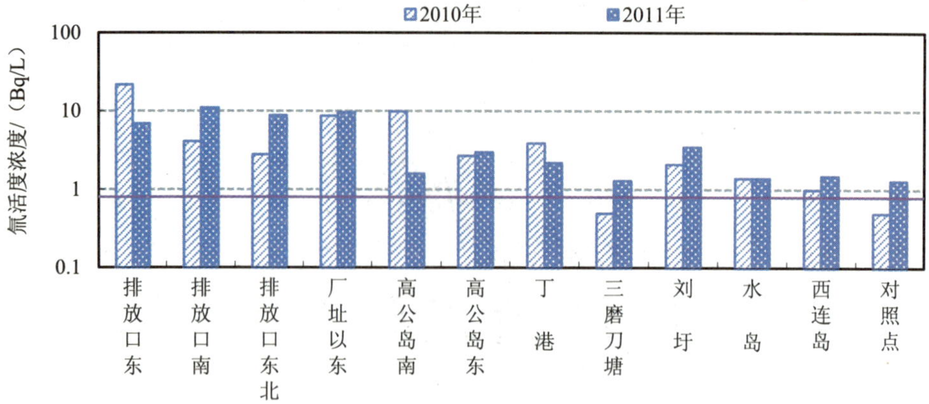

图 11-31　田湾核电厂外围环境海水氚活度浓度

（注：紫色横线为核电站运行前本底值）

11.2.1.2　其他反应堆

2011 年，中国原子能科学研究院、清华大学核能与新能源技术研究院、中国核动力研究设计院、陕西省西北核技术研究所等研究设施外围环境γ辐射空气吸收剂量率，气溶胶、沉降物、地表水、土壤和生物样品中放射性核素活度浓度与历年相比未见明显变化；饮用地下水总α和总β活度浓度低于《生活饮用水卫生标准》规定的限值。

11.2.1.3　核燃料生产、加工、贮存和后处理设施

2011 年，兰州铀浓缩有限公司、陕西铀浓缩有限公司、包头核燃料元件厂、中核建中核燃料元件公司、中核四〇四有限公司等核燃料循环设施及西北低中放废物处置场、北龙低中放废物处置场外围环境γ辐射空气吸收剂量率为正常环境水平，环境介质中也未监测到由企业生产、加工、贮存、处理、运输等活动引起的放射性核素活度浓度升高。

11.2.1.4　铀矿冶及伴生放射性矿

2011 年，铀矿冶设施周围环境空气中氡活度浓度，气溶胶、沉降物总α和总β活度浓度，地下水和生物样品中放射性核素铀和镭-226 活度浓度未见异常。白云鄂博矿等部分伴生放射性矿的开采、冶炼、加工活动对企业周围局部环境产生了一定程度影响。

11.2.2　电磁辐射设施周围辐射环境

实施监督监测的电磁辐射设施包括广播电视发射设施、输变电设施、交通设施和移动通讯基站。2011 年，电磁辐射设施周围环境电磁辐射水平总体情况较好。开展监测的移动通信基站天线周围环境敏感点电磁辐射水平低于《电磁辐射防护规定》规定的公众照射导出限值；开展监测的输变电设施周围环境敏感点工频电场强度和磁感应强度均低于《500 kV 超高压送变电工程环境影响评价技术规范》规定的居民区工频电场评价标准和公众全天候辐射时的工频磁场限值。

11.3 日本福岛核事故对我国环境的影响

日本福岛核事故发生后，环境保护部自 3 月 12 日起组织全国辐射环境监测机构对我国境内环境γ辐射空气吸收剂量率以及空气、地表沉降、水源地饮用水、地表水、近岸海域海水、表层土壤、叶类蔬菜、牛奶、海洋指示生物中的放射性核素进行了监测。其中省会城市和直辖市、部分地级城市以及运行核电厂外围的辐射环境自动监测站实时连续γ辐射空气吸收剂量率均在当地的天然本底水平涨落范围内。3 月 25 日，我国东北地区部分城市采集的气溶胶样品中监测到来自日本福岛核事故释放的人工放射性核素碘-131。3 月 26 日，环境保护部向公众发布了相关信息。此后在全国范围内多种环境介质中陆续监测到人工放射性核素碘-131、铯-137 和铯-134，但活度浓度极其微量，至 4 月底已基本监测不到来自日本福岛核事故的人工放射性核素。根据全国范围内持续监测结果，日本福岛核事故对我国境内公众附加的个人有效剂量小于天然本底辐射所致个人年有效剂量的万分之一，不会对环境和公众健康产生影响。

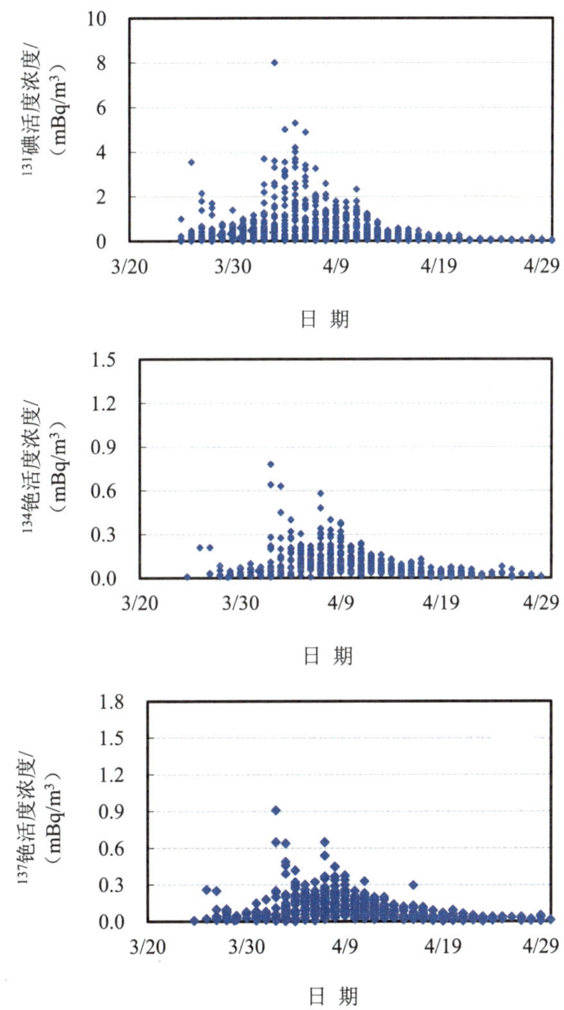

图 11-32　日本福岛核事故期间气溶胶中放射性核素活度浓度时间分布

第四篇

总 结 篇

12

总 结

12.1 全国环境质量基本结论

2011 年，全国环境质量状况总体保持平稳。

城市环境空气质量总体良好。2011 年，全国地级以上城市达标城市比例为 89.0%；二氧化硫、二氧化氮和可吸入颗粒物年均值的平均值分别为 0.035 毫克/米 ^{3}、0.029 毫克/米 ^{3} 和 0.078 毫克/米 ^{3}。与上年相比，地级以上城市二氧化硫年均值的平均值持平，二氧化氮略有上升，可吸入颗粒物略有下降。

酸雨污染仍然较重。2011 年，全国城市降水 pH 年均值为 3.8～8.3，酸雨城市比例为 31.8%。硫酸根为主要致酸离子，占降水中离子总当量的 28.1%，硫酸根和硝酸根的当量浓度比为 3.8。全国酸雨区面积占国土面积的比例约为 12.9%。其中，较重酸雨区面积和重酸雨区面积占国土面积的比例分别为 4.9%和 0.5%。与上年相比，较重酸雨区面积比例降低 1.4 个百分点，酸雨区面积比例和重酸雨区面积比例保持稳定。

地表水总体为轻度污染。2011 年，全国地表水Ⅰ～Ⅲ类水质断面比例为 49.7%，劣Ⅴ类水质断面比例为 12.6%。主要污染指标为化学需氧量、总磷和五日生化需氧量。地表水国控断面高锰酸盐指数年均浓度平均值为 4.7 毫克/升，氨氮年均浓度平均值为 1.17 毫克/升。十大水系中，西北诸河和西南诸河水质为优，长江、珠江和浙闽片河流水质良好，黄河、松花江、淮河和辽河为轻度污染，海河为中度污染。与上年相比，水质无明显变化。

重点湖泊（水库）富营养化依然严重。2011 年，监测的 26 个国控重点湖泊（水库）中，Ⅰ～Ⅲ类、Ⅳ～Ⅴ类和劣Ⅴ类水质的湖泊（水库）分别占 42.3%、50.0%和 7.7%。主要污染指标为总磷和化学需氧量。营养状态为中度富营养、轻度富营养和中营养的湖泊（水库）分别占 7.7%、46.1%和 46.2%。

近岸海域水质总体一般。2011 年，全国近岸海域一、二类海水点位比例为 62.8%，三、四类海水点位比例为 20.3%，劣四类海水点位比例为 16.9%。四大海区近岸海域中，黄海水质良好，南海水质一般，渤海和东海水质差；9 个重要海湾中，黄河口和北部湾水质良好，胶州湾和辽东湾水质差，渤海湾、长江口、杭州湾、闽江口和珠江口水质极差。与上年相比，全国近岸海域一、二类海水点位比例提高 0.3 个百分点，劣四类海水点位比例降低 1.9 个百分点。

噪声总体水平良好，但功能区达标率较差。2011 年，全国城市区域噪声总体水平为一级和二级的城市占 77.9%，城市道路交通噪声总体水平为一级和二级的城市占 98.1%。与上年相比，城市区域和道路交通噪声总体水平为一级和二级的城市比例分别提高 4.2 个百分点和 0.8 个百分点。功能区声环境质量昼间达标率为 89.4%，夜间达标率为 66.4%。

生态环境质量一般。2010 年，全国生态环境状况指数（EI）值为 50.4，生态环境质量属于“一般”。全国县域生态环境质量以“良”和“一般”为主，约占国土面积的 64.6%。在空间格局上，生态环境质量“优”和“良”的县主要分布在华南、西南和东北地区，“较差”和“差”的县分布在西北地区。

辐射环境质量总体良好。2011 年，环境电离辐射水平保持稳定，核设施周围环境电离辐射水平总体未见明显变化；环境电磁辐射水平总体情况较好，电磁辐射设施周围环境电磁辐射水平总体未见明显变化。

12.2 主要环境问题

二氧化氮污染不容忽视。2011 年，全国地级以上城市二氧化氮年均浓度为 0.029 毫克/米^3，比上年略有上升，且有近一半的城市二氧化氮年均浓度有所升高。同时，随着城市化建设的不断加快，城市机动车污染加剧对二氧化氮污染控制带来较大压力。

地表水营养盐污染日益显现。2011 年，全国地表水国控断面中总氮和总磷断面超标率分别为 76.2%和 31.1%，位居前两位；其中，河流总磷断面超标率为 24.0%，湖泊（水库）总磷点位超标率为 58.3%。河流总磷超标断面集中分布在海河、淮河和黄河中下游地区。随着工业生产的集中和农业面源污染的加重，地表水营养盐污染不断凸显，不仅加重了湖库的富营养化，也致使河流水质下降。

湖泊水质未得到明显改善。2011 年，滇池和达赉湖为劣Ⅴ类水质，巢湖、洪泽湖、南四湖和白洋淀为Ⅴ类水质，太湖、鄱阳湖、洞庭湖、镜泊湖和博斯腾湖为Ⅳ类水质。“三湖”的水质并没有得到明显改善，同时，污染严重的达赉湖，水资源量较大且污染较重的洪泽湖、鄱阳湖和洞庭湖的污染治理也需引起重视。

重金属污染问题突出。2011 年，27 个地表水国控断面出现重金属超标现象，超标指标有汞、砷、硒、锌和铬（六价）；相继发生的紫金矿业、云南曲靖铬渣、广西龙江镉污染等重金属污染事件严重影响群众健康。2011 年，全国 274 个污染企业的周边土壤试点监测结果表明，土壤重金属点位超标率最高的为镉，其次是锌和钒；七类行业中，采矿行业周边土壤中重金属超标率最高，达 58.3%，其次是纺织行业和电力行业。

城市声环境质量有待进一步改善。2011 年，全国城市各类功能区声环境质量夜间达标率为 66.4%，低于昼间达标率 23.0 个百分点；其中，0 类和 4 类功能区夜间达标率较差，均低于 55%。与上年相比，全国城市功能区声环境质量除 2 类和 3 类功能区昼间达标率略有上升外，其他各类功能区达标率均有不同程度下降，其中 1 类、4 类和 0 类功能区夜间达标率降幅最大，分别降低 9.7 个百分点、8.6 个百分点和 7.6 个百分点。

农村环境质量问题亟待解决。2011 年，全国 364 个试点村庄监测结果表明，农村饮用水、地表水和土壤环境质量问题突出。全国试点村庄饮用水源地总体水质达标率为 50.8%；其中，地表水饮用水源地监测断面（点位）147 个，达标率为 68.0%；地下水饮用水源地监测点位 268 个，达标率为 41.0%。试点村庄地表水 337 个监测断面（点位）中，Ⅳ～Ⅴ类和劣Ⅴ类水质断面比例分别为 32.9%和 19.6%。对 241 个试点村庄的 6 种土地利用类型进行土壤监测，46.5%的村庄存在不同程度超标。

12.3 对策和建议

控制机动车尾气排放，促进城市环境空气二氧化氮污染的改善。针对 2011 年城市环境空气中二氧化氮浓度同比有所上升的现象，应继续加大氮氧化物排放控制，尤其是机动车尾气排放和电力、热力等重点行业排放。2011 年，我国机动车保有量继续快速增长，全国机动车增加 1773 万辆；截至 2011 年底，全国汽车保有量为 2.25 亿辆，其中有 23 个城市机动车保有量超 100 万辆，对控制城市环境空气二氧化氮污染带来巨大压力。加大城市机动车尾气氮氧化物治理，是控制空气中二氧化氮污染的根本措施。

加强大气区域联防联控，形成重点区域大气污染应急机制。城市大气污染呈现明显的区域特征，发达地区城市空气中主要污染物的污染程度尤为严重。2011 年，京津冀、长三角和珠三角二氧化氮平均浓度较全国平均浓度分别高出 13.8%、41.3%和 31.0%；京津冀和长三角可吸入颗粒物平均浓度较全国平均浓度分别高出 2.6%和 14.1%。2012 年，全国将率先在京津冀、长三角、珠三角等重点区域开展 $PM_{2.5}$、臭氧和一氧化碳等新指标监测，要以此为契机，着重加强重点区域的监测能力建设，健全大气联防联控机制，形成区域大气环境应急机制和预警能力，辐射带动全国大气污染防治能力的提高。

加大地表水氮磷污染治理力度，促进重点流域水污染防治。近年来，地表水化学需氧量和氨氮污染程度有所下降，氮磷对地表水水质的影响逐渐凸显。遏制地表水氮磷污染加剧的趋势，要进一步削减工业氮磷排放，同时着重加大农业面源污染的控制力度。2010 年，海河、黄河和淮河流域单位地表水资源量接纳废水量最大，分别为 6 045.71 万吨/亿米^3、1 146.30 万吨/亿米^{3}和 671.94 万吨/亿米^3；海河、黄河和淮河污染程度也较重，劣Ⅴ类断面比例在十大水系中最高，分别为 38.1%、18.6%和 15.1%，应重视这些污染重、单位水资源量纳污量大的流域污染治理，着力减少流域内废水排放量，加强流域内工业污染治理水平，加大城镇生活污水处理能力，解决面源污染治理难点，提高重点流域水污染治理成效。

以重点区域和重点行业为抓手，加强重金属污染防治。2011 年，我国地表水重金属污染超标断面主要分布在海河流域，有 10 个国控断面出现过重金属超标现象；分省区看，云南省超标断面数最多，其次为天津市，要在重点流域和重点省份集中力量抓好地表水重金属污染防治，遏制重金属污染加重的趋势，防止重金属污染事件的发生。从土壤重金属污染现状看，行业性污染突出，镉对金属与非金属采矿、冶炼与加工业的贡献最大，砷对水泥、石棉、玻璃等制品加工业的贡献较高，铬对发电与能源供给业和纺织、印染、皮革与化纤制品业的贡献较高，要对重点行业的突出污染指标，进行有针对性的重金属污染防治，推动产业技术进步，推进清洁生产，做到源头控制。

统筹城乡环境监测，加快推进农村环境保护。农村环境问题日益突出，农村饮用水安全受到威胁、地表水水质存在污染现象、土壤重金属污染显现，部分地区环境污染已经呈现出从城市向农村转移的态势。我国农村环境监测较为薄弱，要加快制定农村环境监测技术路线和技术规范，针对直接损害群众健康和反映强烈的突出环境问题，以区域空气环境、农村饮用水与地表水环境、土壤环境质量监测为重点，扩大农村地区环境监测覆盖范围，为科学地开展农村环境保护提供技术支撑。遏制农村环境质量污染的加剧，要不断加强农村生活垃圾和污水处理能力，科学使用化肥和农药，加大农村工矿企业的污染防治力度，全面提高农村环境保护能力。

围绕关系民生的环境问题，提高环境监测公共服务能力。2012 年，新《环境空气质量标准》的发布，在中国环境保护历史上具有里程碑意义，标志着环境保护工作的重点开始从污染物排放总量控制管理阶段向环境质量管理阶段的转变，对环境监测工作提出了更高的要求。环境监测工作要以国家环境监测网为依托，全面提升细颗粒物、臭氧、温室气体等新增监测指标的监测能力，集中力量开展生物、土壤、重金属、饮用水源等与人体健康密切相关的、关系民生的突出环境问题监测。同时，逐步健全信息发布机制，及时向公众公开环境质量信息，保障公众的环境权益和知情权。

第五篇

专 题 篇

“三湖”蓝藻水华预警监测

按照环境保护部《2011 年全国环境监测工作要点》（环办[2011]12 号）要求，2011 年 4 月 1 日—9 月 15 日中国环境监测总站、环境保护部卫星环境应用中心以及江苏省、浙江省、安徽省、云南省各有关环境监测站联合开展了太湖、巢湖和滇池（简称“三湖”）蓝藻预警和应急监测工作。

监测结果显示：与上年同期相比，太湖藻类密度相对稳定，水华程度无明显变化，水华规模略有减小；巢湖西半湖藻类密度下降，东半湖藻类密度上升，总体上看藻类密度基本持平，水华程度无明显变化，水华规模略有减小；滇池藻类密度略有上升，水华程度略有加重，水华规模略有增大。

1 太湖

（1）常规监测

共对太湖湖体监测 24 周，其中有 9 周藻类密度数据满足湖体水华评价要求。太湖湖体藻类密度范围为 350～1 951 万个/升，水华程度为“轻微-轻度水华”，其中“轻微水华”和“轻度水华”频次比例分别为 66.7%和 33.3%。“轻度水华”主要出现在 7—9 月。

与上年相比，水华程度无明显变化。

（2）遥感监测

在太湖湖体 168 次遥感监测中，有 58 次太湖水域被云覆盖，无法监测。在其余 110 次监测中，有 52 次“未见明显水华”，占 47.3%；53 次“零星性水华”，占 48.2%；5 次“局部性水华”，占 4.5%；未出现“区域性水华”。监测到的最大规模蓝藻水华出现在 7 月 21 日，面积约 505 千米 ^{2}，约占太湖水域总面积的 21.7%。

与上年相比，太湖湖体出现“零星性水华”频次比例增加 10.7 个百分点，“未见明显水华”、“局部性水华”和“区域性水华”频次比例分别减少 7.3 个百分点、2.3 个百分点和 1.1 个百分点。

2 巢湖

（1）常规监测

监测结果显示，巢湖湖体藻类密度为 121～1 066 万个/升，水华程度为“无明显水华-轻度水华”，以“轻微水华”为主。

与上年相比，巢湖湖体出现“无明显水华”和“轻度水华”频次比例分别减少 22.3 个和 2.5 个百分点，“轻微水华”增加 24.8 个百分点。

（2）遥感监测

在巢湖湖体 161 次遥感监测中，有 50 次巢湖水域被云覆盖，无法监测。在其余 111 次监测中，有 82 次“未见明显水华”，占 73.9%；25 次“零星性水华”，占 22.5%；3 次“局部性水华”，占 2.7%，1 次“区域性水华”，占 0.9%。监测到的最大规模蓝藻水华出现在 7 月 21 日，面积约 284 千米 ^{2}，约占巢湖水域总面积的 37.3%。

与上年相比，巢湖湖体出现“未见明显水华”和“区域性水华”频次比例分别增加 44.5 个和 0.9 个百分点，“零星性水华”和“局部性水华”频次比例分别减少 41.0 个和 4.4 个百分点。

3 滇池

（1）常规监测

监测结果显示，滇池湖体藻类密度为 2 967～16 092 万个/升，水华程度为“轻度水华-重度水华”。其中“轻度水华”、“中度水华”和“重度水华”频次比例分别为 33.3%、12.5% 和 54.2%。“重度水华”主要出现在 6 月下旬至 8 月。

与上年相比，滇池湖体出现“轻度水华”和“重度水华”频次比例分别增加 14.3 个和 16.1 个百分点，“中度水华”减少 30.4 个百分点。

（2）遥感监测

在滇池湖体 84 次遥感监测中，有 29 次滇池水域被云覆盖，无法监测。在其余 55 次监测中，有 14 次“未见明显水华”，占 25.5%；37 次“零星性水华”，占 67.3%；4 次“局部性水华”，占 7.3%。监测到的最大规模蓝藻水华出现在 7 月 9 日，面积约 53.24 千米 ^{2}，约占滇池水域总面积的 18.5%。

与上年相比，滇池湖体出现“未见明显水华”频次比例减少 9.2 个百分点，“零星性水华”和“局部性水华”频次比例分别增加 5.7 个和 3.4 个百分点。

背景空气质量监测

自2009年开始，中国环境监测总站在全国范围内组织建设14个国家空气监测背景站：内蒙古呼伦贝尔站、吉林长白山站、山东长岛站、山西庞泉沟站、四川海螺沟站、湖北神农架站、湖南衡山站、福建武夷山站、海南五指山站、广东南岭站、云南丽江站、青海门源站、新疆阿勒泰站和西藏纳木错站。

根据2011年已经开始试运行的10个背景站（内蒙古呼伦贝尔、吉林长白山、山东长岛、山西庞泉沟、四川海螺沟、湖北神农架、湖南衡山、福建武夷山、海南五指山、广东南岭）监测结果，依据《环境空气质量标准》（GB 3095—2012）进行评价，结果表明：SO_2年均浓度范围为0.001～0.017毫克/米^3，所有站点年均浓度均好于环境空气质量一级标准。NO_2年均浓度范围为0.002～0.014毫克/米^3，所有站点年均浓度均好于环境空气质量一级标准。PM_{10}年均浓度范围为0.010～0.043毫克/米^3。湖南衡山和山西庞泉沟PM_{10}年均浓度好于环境空气质量二级标准，其他站点年均浓度好于环境空气质量一级标准。$PM_{2.5}$年均浓度范围为0.005～0.028毫克/米^3。湖南衡山、山东长岛、山西庞泉沟和福建武夷山$PM_{2.5}$年均浓度好于环境空气质量二级标准，其他站点年均浓度好于环境空气质量一级标准。

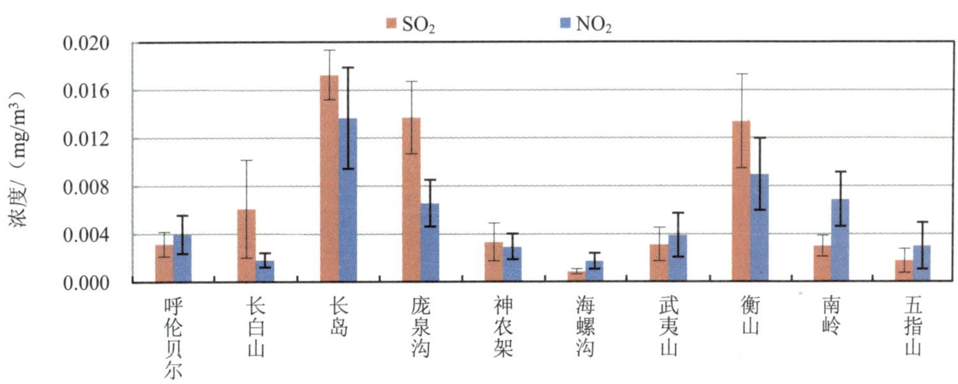

图1　2011年各背景站SO_2和NO_2年均浓度

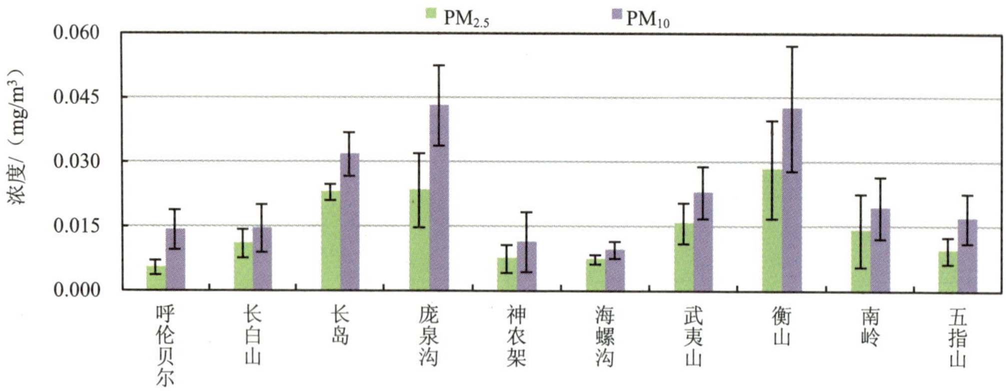

图 2　2011 年各背景站 $PM_{2.5}$ 和 PM_{10} 年均浓度

与 WHO 空气质量指导值及过渡时期目标值相比，除湖南衡山、山西庞泉沟、山东长岛和福建武夷山外，其他 6 个背景站 PM_{10} 年均浓度均达到 WHO 的空气质量指导值（20 微克/米 ^{3}）；仅 4 个背景站（内蒙古呼伦贝尔、四川海螺沟、广东南岭和湖北神农架）$PM_{2.5}$ 年均浓度达到了 WHO 的空气质量指导值（10 微克/米 ^{3}）；所有站点 NO_2 年均浓度均优于 WHO 的空气质量指导值（40 微克/米 ^{3}）。

农村区域环境空气质量监测

根据 2011 年 29 个区域（农村）站 SO_2、NO_2 和 PM_{10} 监测数据对全国农村区域环境空气质量进行评价。结果表明：29 个区域（农村）站平均有效监测天数为 308 天，达到日均值二级标准的天数平均为 266 天，占监测天数的 86.4%。29 个区域（农村）站中，达标天数比例高于 80%的有 23 个，占 79.3%。

各区域(农村)站 SO_2、NO_2 和 PM_{10} 年均浓度范围分别为 0.004～0.084 毫克/米^3、0.007～0.045 毫克/米^3 和 0.023～0.157 毫克/米^3。三种污染物的月均浓度均呈冬季高、夏季低的特点。

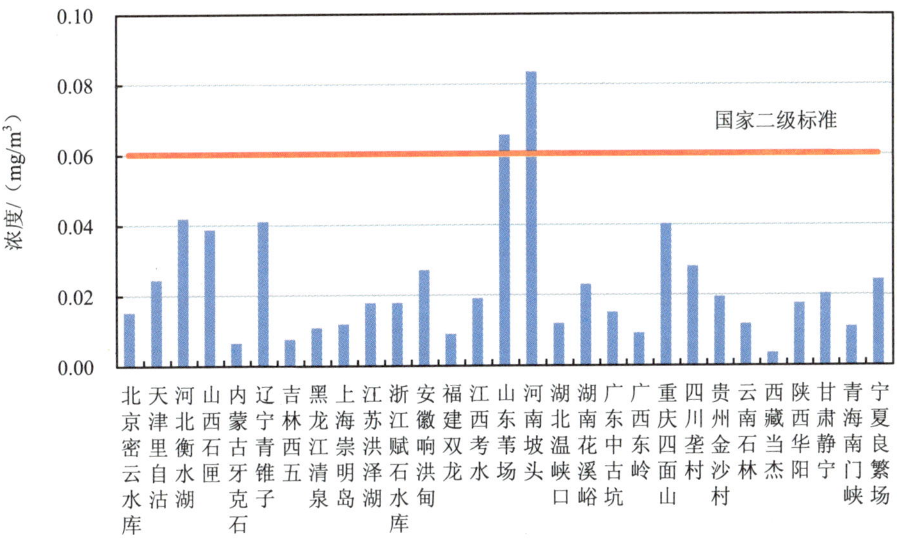

图 1　2011 年全国区域（农村）站 SO_2 年均浓度

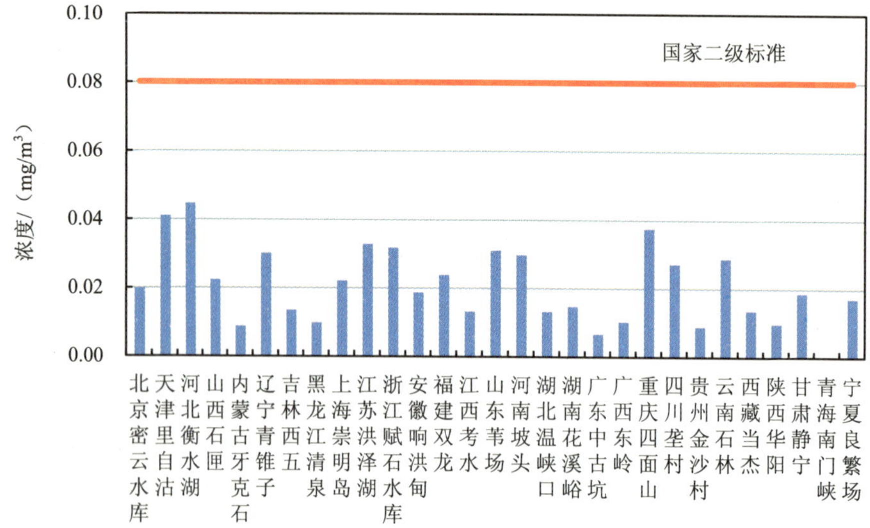

图 2　2011 年全国区域（农村）站 NO_2 年均浓度

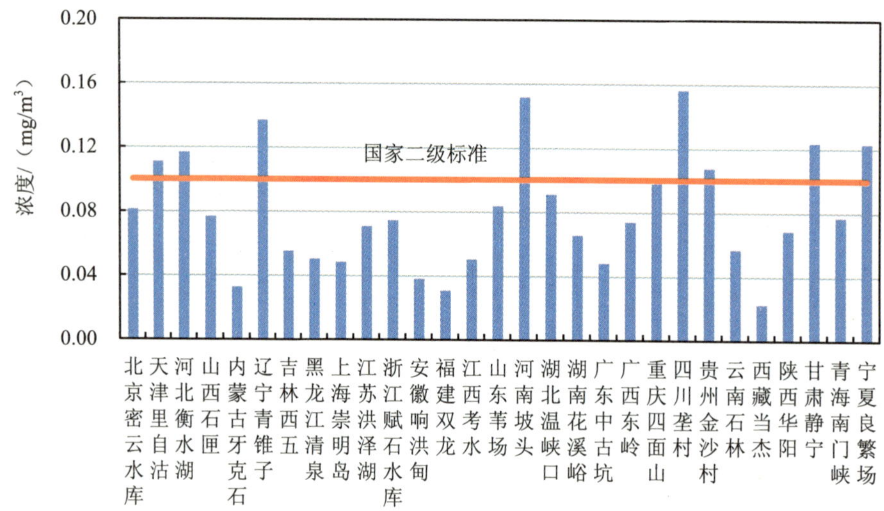

图 3　2011 年全国区域（农村）站 PM_{10} 年均浓度

城市和农村污染物浓度水平比较结果显示：城市地区污染物浓度略高于农村地区，尤其是城市地区 SO_2 和 NO_2 浓度明显高于农村地区；城市和农村地区的 PM_{10} 污染水平在东、中、西部地区并不一致。

表 1　2011 年城市和农村地区污染物浓度水平比较　　单位：mg/m^3

区域＼污染物	SO_2		NO_2		PM_{10}	
	城市站	区域（农村）站	城市站	区域（农村）站	城市站	区域（农村）站
东部	0.034	0.026	0.032	0.028	0.078	0.080
中部	0.036	0.028	0.029	0.017	0.080	0.073
西部	0.034	0.017	0.025	0.018	0.077	0.086

我国东南沿海地区的福建双龙区域（农村）站与美国东南沿海相近纬度的温斯顿公园大道站点进行比较，结果表明：福建双龙区域（农村）站 2011 年 PM_{10} 年均浓度（0.031 毫克/米^3）是温斯顿公园大道站点 1996—2009 年 PM_{10} 浓度均值（0.016 毫克/米^3）的 2 倍左右。

温室气体监测

为支持中国政府应对全球气候变化和环境变化行动，根据环境保护部工作安排，中国环境监测总站于 2010 年初开始建设全国温室气体试验监测网络，目前已初步建立了有代表性源区的温室气体监测站，并于 2011 年开始在大陆 31 个温室气体代表性城市源区和 3 个区域背景地区（山东长岛、青海门源、内蒙古呼伦贝尔）开展试验监测。城市源区监测 CO_2 和 CH_4，区域背景站监测 CO_2、CH_4 和 N_2O。

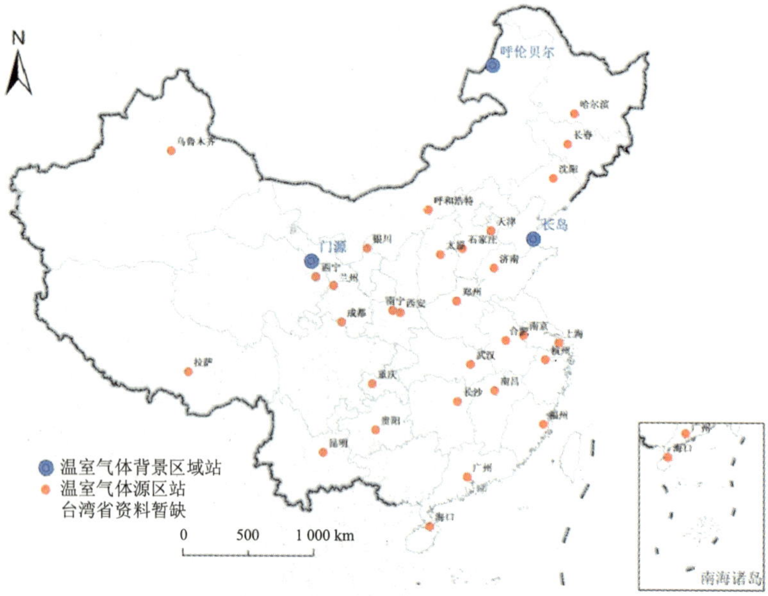

图 1　温室气体源区站和区域背景站点位分布示意图

1　城市源区站监测结果

2011 年，全国参加温室气体监测城市的 CO_2 和 CH_4 平均体积分数分别为 407.7×10^{-6} 和 2.06×10^{-6}。各城市 CO_2 浓度均呈冬季高、夏季低的特点，CH_4 浓度无明显季节变化规律。

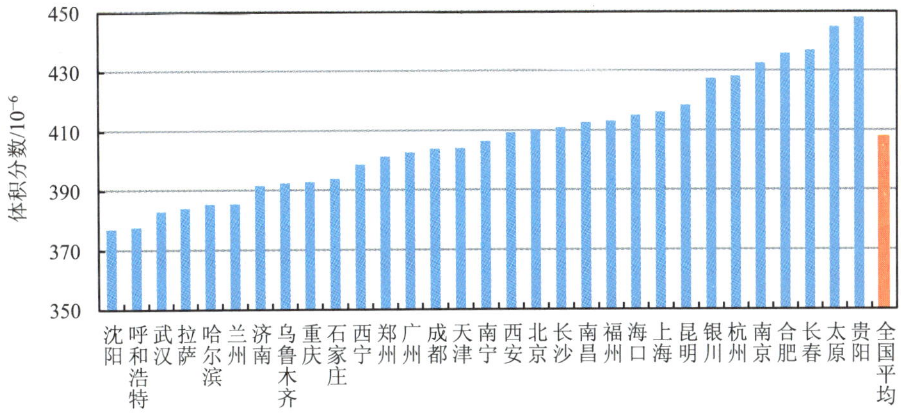

图 2　2011 年 31 个城市源区温室气体站 CO_2 年均浓度

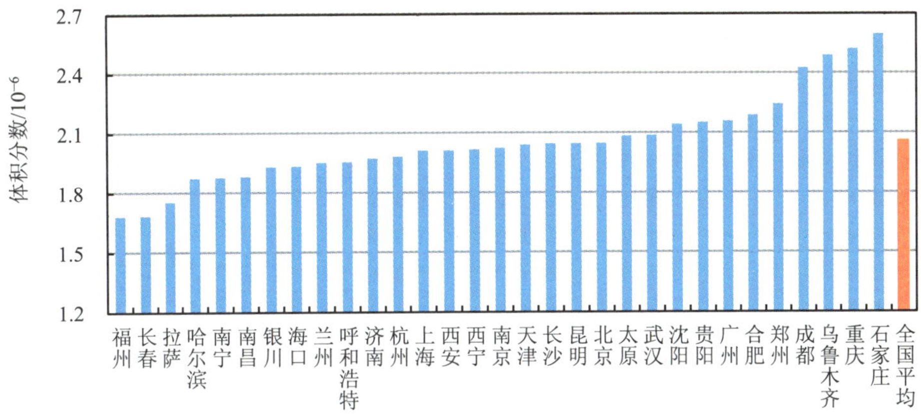

图 3　2011 年 31 个城市源区温室气体站 CH_4 年均浓度

2　区域背景站监测结果

山东长岛、青海门源和内蒙古呼伦贝尔三个背景站分别于 2011 年 7 月底、11 月上旬和 11 月底完成温室气体监测仪器的安装调试，并开始试运行（截至 2011 年底尚未完成仪器性能验收工作）。

表 1　三个背景站 CO_2、CH_4 和 N_2O 初步监测结果

点位名称	监测时段	CO_2 浓度（10^{-6}）	CH_4 浓度（10^{-6}）	N_2O 浓度（10^{-9}）
山东长岛	8—12 月	392.6	—*	—*
青海门源	11—12 月	382.7	1.81	338.2
内蒙古呼伦贝尔	12 月	384.0	2.00	317.9

* 仪器故障，未监测。

附表　环境质量数据表

附表 1　2011 年地级以上城市污染物情况一览表

（单位：mg/m^3；日均值超标率：%）

地区名称	SO_2 年均值	NO_2 年均值	PM_{10} 年均值	SO_2 日均值超标率	NO_2 日均值超标率	PM_{10} 日均值超标率
北京市	0.028	0.056	0.113	0.5	1.4	21.6
天津市	0.042	0.038	0.093	1.1	0.0	12.3
石家庄市	0.052	0.041	0.099	2.5	0.3	11.0
唐山市	0.055	0.029	0.081	3.8	0.0	7.9
秦皇岛市	0.038	0.027	0.063	0.0	0.0	3.0
邯郸市	0.037	0.025	0.089	0.3	0.0	10.4
邢台市	0.043	0.024	0.081	3.0	0.0	6.3
保定市	0.040	0.031	0.083	2.5	0.3	7.9
张家口市	0.039	0.023	0.069	0.3	0.0	6.3
承德市	0.042	0.032	0.053	1.9	0.0	1.9
沧州市	0.035	0.022	0.073	0.0	0.0	5.5
廊坊市	0.037	0.026	0.076	0.3	0.0	5.2
衡水市	0.043	0.025	0.081	2.2	0.0	6.8
太原市	0.064	0.023	0.084	9.9	0.0	12.1
大同市	0.039	0.031	0.072	1.1	0.0	3.8
阳泉市	0.054	0.031	0.082	1.6	0.0	7.9
长治市	0.027	0.027	0.078	0.0	0.0	2.2
晋城市	0.051	0.019	0.062	2.2	0.0	1.1
朔州市	0.042	0.014	0.065	3.0	0.0	3.0
晋中市	0.036	0.016	0.065	0.0	0.0	1.6
运城市	0.036	0.015	0.072	0.5	0.0	2.2
忻州市	0.034	0.023	0.057	1.1	0.0	0.8
临汾市	0.038	0.018	0.084	1.1	0.0	6.8
吕梁市	0.036	0.013	0.069	0.5	0.0	2.2
呼和浩特市	0.054	0.039	0.076	0.5	0.0	4.4
包头市	0.064	0.044	0.099	4.7	0.0	12.1
乌海市	0.059	0.030	0.111	4.9	0.0	17.8
赤峰市	0.050	0.028	0.111	3.8	0.0	10.4
通辽市	0.016	0.019	0.064	0.0	0.0	8.5
鄂尔多斯市	0.046	0.043	0.058	0.3	0.0	3.1
呼伦贝尔市	0.017	0.019	0.062	0.0	0.0	2.7

地区名称	SO_2 年均值	NO_2 年均值	PM_{10} 年均值	SO_2 日均值超标率	NO_2 日均值超标率	PM_{10} 日均值超标率
巴彦淖尔市	0.034	0.019	0.077	0.5	0.0	5.5
乌兰察布市	0.036	0.032	0.074	0.0	0.0	3.8
兴安盟	0.013	0.016	0.046	0.0	0.0	0.8
锡林郭勒盟	0.030	0.016	0.087	0.0	0.0	4.8
阿拉善盟	0.020	0.013	0.049	0.0	0.0	3.0
沈阳市	0.059	0.033	0.096	5.2	0.0	6.3
大连市	0.037	0.040	0.067	0.8	0.0	2.2
鞍山市	0.057	0.037	0.100	5.5	0.0	9.3
抚顺市	0.041	0.040	0.094	0.8	0.0	9.3
本溪市	0.056	0.042	0.073	3.0	0.0	1.9
丹东市	0.038	0.015	0.069	0.0	0.0	3.9
锦州市	0.032	0.029	0.080	0.0	0.0	3.8
营口市	0.031	0.029	0.075	0.0	0.0	1.9
阜新市	0.038	0.038	0.083	0.0	0.0	5.0
辽阳市	0.051	0.022	0.074	1.7	0.0	2.2
盘锦市	0.021	0.024	0.075	0.0	0.0	2.5
铁岭市	0.034	0.019	0.097	0.0	0.0	4.4
朝阳市	0.041	0.031	0.082	0.0	0.0	2.8
葫芦岛市	0.047	0.031	0.080	1.1	0.0	1.1
长春市	0.026	0.043	0.091	0.0	0.3	5.5
吉林市	0.022	0.028	0.079	0.0	0.0	4.9
四平市	0.022	0.025	0.072	0.0	0.5	2.7
辽源市	0.038	0.029	0.080	0.0	0.0	0.0
通化市	0.026	0.052	0.065	0.6	0.8	4.7
白山市	0.035	0.028	0.061	0.0	0.0	3.0
松原市	0.015	0.047	0.057	0.0	0.0	1.4
白城市	0.027	0.014	0.068	0.0	0.0	2.7
延边朝鲜族自治州	0.028	0.035	0.086	0.0	0.0	8.0
哈尔滨市	0.041	0.046	0.099	0.0	0.0	13.2
齐齐哈尔市	0.036	0.029	0.076	0.0	0.0	5.5
鸡西市	0.030	0.030	0.060	0.0	1.9	2.5
鹤岗市	0.016	0.014	0.085	0.0	0.0	9.9
双鸭山市	0.018	0.030	0.078	0.0	0.0	6.6
大庆市	0.016	0.020	0.073	0.0	0.0	4.4
伊春市	0.016	0.015	0.048	0.0	0.0	0.8
佳木斯市	0.019	0.022	0.055	0.0	0.0	2.7
七台河市	0.023	0.024	0.105	0.0	0.0	14.2
牡丹江市	0.021	0.031	0.070	0.0	0.3	5.8
黑河市	0.027	0.025	0.047	0.0	0.0	0.8
绥化市	0.022	0.020	0.058	0.3	0.0	11.2
大兴安岭地区	0.033	0.026	0.038	0.3	0.0	0.0
上海市	0.029	0.051	0.080	0.0	0.5	7.7

地区名称	SO_2 年均值	NO_2 年均值	PM_{10} 年均值	SO_2 日均值超标率	NO_2 日均值超标率	PM_{10} 日均值超标率
南京市	0.034	0.049	0.097	0.0	0.3	13.2
无锡市	0.054	0.042	0.088	0.0	0.0	5.8
徐州市	0.046	0.029	0.086	0.0	0.0	8.2
常州市	0.031	0.028	0.096	0.0	0.0	8.5
苏州市	0.035	0.057	0.088	0.0	1.1	8.2
南通市	0.029	0.036	0.078	0.0	0.0	7.1
连云港市	0.039	0.025	0.089	0.3	0.0	8.8
淮安市	0.030	0.033	0.087	0.0	0.0	6.6
盐城市	0.038	0.021	0.115	0.0	0.0	20.8
扬州市	0.031	0.020	0.093	0.0	0.0	11.2
镇江市	0.023	0.037	0.093	0.0	0.0	7.1
泰州市	0.036	0.034	0.099	0.0	0.0	9.0
宿迁市	0.037	0.016	0.098	0.0	0.0	8.8
杭州市	0.039	0.058	0.093	0.0	0.3	8.5
宁波市	0.030	0.050	0.095	0.0	0.0	11.5
温州市	0.029	0.056	0.091	0.0	0.8	7.9
嘉兴市	0.034	0.045	0.089	0.0	0.5	9.3
湖州市	0.019	0.042	0.107	0.0	0.0	13.4
绍兴市	0.058	0.042	0.100	0.3	0.0	11.5
金华市	0.038	0.050	0.078	0.0	0.3	5.4
衢州市	0.026	0.032	0.083	0.0	0.3	5.0
舟山市	0.012	0.026	0.060	0.0	0.0	1.4
台州市	0.030	0.037	0.074	0.0	0.0	2.5
丽水市	0.018	0.027	0.081	0.0	0.0	1.9
合肥市	0.022	0.025	0.113	0.0	0.0	17.0
芜湖市	0.031	0.030	0.084	0.0	0.0	2.5
蚌埠市	0.024	0.031	0.083	0.0	0.0	3.8
淮南市	0.031	0.028	0.094	0.0	0.0	8.3
马鞍山市	0.027	0.032	0.091	0.3	0.0	7.7
淮北市	0.020	0.021	0.102	0.0	0.0	4.4
铜陵市	0.055	0.022	0.079	0.0	0.0	0.8
安庆市	0.041	0.032	0.086	0.3	0.0	3.8
黄山市	0.015	0.017	0.050	0.0	0.0	0.0
滁州市	0.027	0.033	0.082	0.0	0.0	1.4
阜阳市	0.014	0.014	0.072	0.0	0.0	3.8
宿州市	0.018	0.026	0.078	0.0	0.0	2.7
六安市	0.027	0.035	0.064	0.0	0.0	0.5
亳州市	0.030	0.023	0.088	0.0	0.0	2.2
池州市	0.021	0.020	0.051	0.0	0.0	0.0
宣城市	0.034	0.027	0.070	0.0	0.0	1.1
福州市	0.009	0.032	0.069	0.0	0.0	1.4
厦门市	0.024	0.048	0.062	0.0	0.5	0.0

地区名称	SO_2 年均值	NO_2 年均值	PM_{10} 年均值	SO_2日均值超标率	NO_2日均值超标率	PM_{10}日均值超标率
莆田市	0.030	0.010	0.057	0.0	0.0	0.3
三明市	0.054	0.020	0.085	0.0	0.0	6.0
泉州市	0.019	0.024	0.069	0.0	0.0	1.4
漳州市	0.020	0.037	0.077	0.0	0.0	1.6
南平市	0.038	0.016	0.061	0.0	0.0	0.3
龙岩市	0.039	0.010	0.089	0.0	0.0	3.6
宁德市	0.022	0.017	0.072	0.0	0.0	1.1
南昌市	0.056	0.038	0.088	0.0	0.0	4.9
景德镇市	0.023	0.023	0.070	0.0	0.0	0.0
萍乡市	0.041	0.028	0.073	0.0	0.0	1.4
九江市	0.032	0.023	0.069	0.0	0.0	0.5
新余市	0.038	0.027	0.075	0.0	0.0	0.8
鹰潭市	0.033	0.035	0.069	0.0	0.0	0.0
赣州市	0.029	0.011	0.072	0.0	0.0	0.0
吉安市	0.036	0.027	0.069	0.0	0.0	1.4
宜春市	0.032	0.026	0.071	0.0	0.0	0.0
抚州市	0.027	0.027	0.063	0.0	0.0	0.3
上饶市	0.045	0.029	0.059	0.0	0.0	0.3
济南市	0.051	0.036	0.104	2.2	0.8	12.3
青岛市	0.051	0.045	0.089	2.5	1.6	8.2
淄博市	0.050	0.033	0.089	0.0	0.0	11.8
枣庄市	0.056	0.036	0.097	0.8	0.0	14.2
东营市	0.050	0.042	0.084	0.0	0.0	4.4
烟台市	0.030	0.036	0.064	0.0	0.0	3.6
潍坊市	0.056	0.044	0.090	1.6	0.0	4.1
济宁市	0.063	0.043	0.111	1.6	0.0	10.1
泰安市	0.052	0.042	0.098	1.9	2.5	8.8
威海市	0.024	0.030	0.064	0.0	0.0	1.9
日照市	0.040	0.045	0.089	1.1	0.5	10.7
莱芜市	0.065	0.032	0.106	1.4	0.0	7.7
临沂市	0.047	0.037	0.090	0.3	0.0	6.8
德州市	0.049	0.038	0.092	0.5	0.0	9.6
聊城市	0.060	0.034	0.100	0.3	0.0	6.3
滨州市	0.044	0.032	0.082	0.0	0.0	4.4
菏泽市	0.054	0.049	0.099	0.3	1.4	3.6
郑州市	0.051	0.047	0.103	1.6	0.0	12.9
开封市	0.053	0.031	0.097	1.4	0.0	11.5
洛阳市	0.067	0.039	0.101	1.9	0.0	13.4
平顶山市	0.053	0.052	0.089	0.8	0.0	10.7
安阳市	0.052	0.045	0.099	3.0	0.5	12.6
鹤壁市	0.055	0.040	0.094	2.5	0.0	9.0
新乡市	0.040	0.049	0.083	2.2	0.8	11.5

地区名称	SO_2 年均值	NO_2 年均值	PM_{10} 年均值	SO_2日均值超标率	NO_2日均值超标率	PM_{10}日均值超标率
焦作市	0.050	0.034	0.098	1.6	0.0	14.0
濮阳市	0.053	0.039	0.089	2.7	0.0	11.3
许昌市	0.053	0.037	0.094	2.7	0.3	10.8
漯河市	0.050	0.036	0.085	1.1	0.0	9.0
三门峡市	0.058	0.030	0.096	1.4	0.0	11.0
南阳市	0.033	0.031	0.098	0.0	0.0	13.4
商丘市	0.038	0.042	0.093	0.8	0.5	9.3
信阳市	0.032	0.034	0.083	0.5	0.0	5.2
周口市	0.028	0.032	0.095	0.0	0.0	10.7
驻马店市	0.041	0.025	0.083	0.0	0.0	9.0
武汉市	0.039	0.056	0.100	0.3	0.3	16.2
黄石市	0.063	0.029	0.115	2.2	0.3	14.8
十堰市	0.028	0.028	0.064	0.0	0.0	1.4
宜昌市	0.044	0.025	0.083	0.8	0.0	4.1
襄阳市	0.031	0.034	0.097	0.0	0.0	14.8
鄂州市	0.039	0.031	0.086	0.0	0.0	5.8
荆门市	0.041	0.025	0.104	0.0	0.0	11.3
孝感市	0.042	0.033	0.077	2.5	0.0	1.6
荆州市	0.035	0.021	0.083	0.0	0.0	7.1
黄冈市	0.023	0.010	0.067	0.0	0.0	5.5
咸宁市	0.034	0.018	0.094	0.0	0.0	11.8
随州市	0.018	0.022	0.101	0.0	0.0	4.1
恩施土家族苗族自治州	0.053	0.017	0.074	1.1	0.0	5.3
长沙市	0.040	0.047	0.083	0.0	0.0	6.6
株洲市	0.052	0.041	0.087	0.8	0.0	6.6
湘潭市	0.058	0.035	0.085	0.5	0.0	7.1
衡阳市	0.052	0.036	0.070	0.0	0.0	0.8
邵阳市	0.037	0.022	0.075	0.0	0.0	0.0
岳阳市	0.047	0.032	0.093	0.3	0.0	9.9
常德市	0.059	0.030	0.089	0.5	0.0	11.2
张家界市	0.033	0.009	0.076	0.0	0.0	3.0
益阳市	0.054	0.031	0.085	0.0	0.0	1.1
郴州市	0.037	0.042	0.063	0.0	0.0	0.0
永州市	0.029	0.016	0.080	0.0	0.0	3.0
怀化市	0.048	0.031	0.075	0.0	0.0	1.1
娄底市	0.044	0.025	0.073	0.0	0.0	1.9
湘西土家族苗族自治州	0.045	0.032	0.080	0.0	0.0	3.3
广州市	0.028	0.049	0.069	0.0	0.5	1.1
韶关市	0.036	0.029	0.068	0.0	0.0	1.1
深圳市	0.011	0.048	0.057	0.0	0.5	0.3
珠海市	0.014	0.034	0.049	0.0	0.0	0.0
汕头市	0.016	0.026	0.058	0.0	0.0	0.0

地区名称	SO_2 年均值	NO_2 年均值	PM_{10} 年均值	SO_2 日均值超标率	NO_2 日均值超标率	PM_{10} 日均值超标率
佛山市	0.034	0.052	0.070	0.0	0.8	2.2
江门市	0.027	0.026	0.060	0.0	0.0	0.5
湛江市	0.012	0.010	0.043	0.0	0.0	0.0
茂名市	0.034	0.016	0.054	0.0	0.0	0.0
肇庆市	0.031	0.029	0.057	0.0	0.0	0.0
惠州市	0.017	0.028	0.060	0.0	0.0	0.0
梅州市	0.014	0.007	0.037	0.0	0.0	0.0
汕尾市	0.009	0.015	0.054	0.0	0.0	0.0
河源市	0.013	0.013	0.025	0.0	0.0	0.0
阳江市	0.013	0.014	0.038	0.0	0.0	0.0
清远市	0.023	0.031	0.056	0.0	0.0	0.3
东莞市	0.028	0.044	0.071	0.0	0.3	1.9
中山市	0.021	0.036	0.051	0.0	0.0	0.0
潮州市	0.016	0.024	0.063	0.0	0.0	0.0
揭阳市	0.015	0.016	0.046	0.0	0.0	0.0
云浮市	0.012	0.014	0.050	0.0	0.0	0.0
南宁市	0.026	0.033	0.073	0.0	0.0	3.8
柳州市	0.064	0.030	0.077	0.5	0.0	3.0
桂林市	0.035	0.031	0.076	0.0	0.0	3.3
梧州市	0.025	0.022	0.042	0.0	0.0	0.0
北海市	0.023	0.020	0.060	0.0	0.0	0.5
防城港市	0.015	0.023	0.064	0.0	0.0	0.3
钦州市	0.019	0.026	0.064	0.0	0.0	0.0
贵港市	0.019	0.021	0.060	0.0	0.0	0.8
玉林市	0.040	0.019	0.051	0.5	0.0	0.0
百色市	0.051	0.021	0.059	0.3	0.0	0.0
贺州市	0.016	0.023	0.044	0.0	0.0	0.6
河池市	0.045	0.027	0.063	0.3	0.0	0.3
来宾市	0.030	0.031	0.072	0.0	0.0	1.6
崇左市	0.025	0.022	0.055	0.0	0.0	0.0
海口市	0.008	0.016	0.041	0.0	0.0	0.0
三亚市	0.011	0.016	0.025	0.0	0.0	0.0
重庆市	0.038	0.031	0.093	0.0	0.0	11.2
成都市	0.031	0.051	0.100	0.0	0.3	11.8
自贡市	0.044	0.039	0.083	0.3	0.0	4.9
攀枝花市	0.084	0.040	0.093	5.8	0.0	4.9
泸州市	0.050	0.044	0.087	0.0	0.0	6.3
德阳市	0.041	0.035	0.065	0.0	0.0	2.5
绵阳市	0.036	0.038	0.059	0.0	0.0	0.0
广元市	0.023	0.023	0.047	0.0	0.0	0.0
遂宁市	0.028	0.024	0.073	0.0	0.0	1.1
内江市	0.055	0.035	0.048	0.0	0.0	0.3

地区名称	SO_2 年均值	NO_2 年均值	PM_{10} 年均值	SO_2 日均值超标率	NO_2 日均值超标率	PM_{10} 日均值超标率
乐山市	0.046	0.032	0.067	0.0	0.0	1.4
南充市	0.052	0.029	0.059	0.0	0.0	0.0
眉山市	0.041	0.043	0.078	0.0	0.0	6.3
宜宾市	0.059	0.037	0.069	0.3	0.0	2.2
广安市	0.057	0.028	0.065	1.1	0.0	1.6
达州市	0.024	0.025	0.058	0.0	0.0	0.8
雅安市	0.032	0.029	0.042	0.0	0.0	0.0
巴中市	0.017	0.032	0.055	0.0	0.0	0.3
资阳市	0.047	0.031	0.067	0.0	0.0	1.1
阿坝藏族羌族自治州	0.011	0.014	0.034	0.0	0.0	0.0
甘孜藏族自治州	0.010	0.027	0.035	0.0	0.0	0.0
凉山彝族自治州	0.041	0.022	0.046	0.0	0.0	0.0
贵阳市	0.049	0.030	0.079	0.8	0.0	4.1
六盘水市	0.048	0.029	0.043	0.0	0.0	0.0
遵义市	0.052	0.031	0.089	0.0	0.0	3.8
安顺市	0.059	0.008	0.053	1.1	0.0	0.0
毕节市	0.063	0.038	0.075	5.8	4.3	8.7
铜仁市	0.028	0.015	0.091	0.0	0.0	5.9
黔西南布依族苗族自治州	0.039	0.014	0.104	1.8	0.0	19.3
黔东南苗族侗族自治州	0.028	0.016	0.075	0.3	0.0	2.2
黔南布依族苗族自治州	0.051	0.009	0.068	1.3	0.0	0.7
昆明市	0.037	0.044	0.065	0.0	0.0	0.0
曲靖市	0.035	0.028	0.068	0.0	0.0	0.5
玉溪市	0.043	0.016	0.059	0.0	0.0	0.0
保山市	0.019	0.018	0.052	0.0	0.0	0.0
昭通市	0.078	0.026	0.046	4.2	0.0	0.0
丽江市	0.005	0.009	0.045	0.0	0.0	0.0
普洱市	0.003	0.007	0.038	0.0	0.0	0.0
临沧市	0.013	0.017	0.052	0.0	0.0	0.0
楚雄彝族自治州	0.044	0.013	0.041	0.0	0.0	0.0
红河哈尼族彝族自治州	0.047	0.011	0.049	2.8	0.0	0.0
文山壮族苗族自治州	0.013	0.012	0.048	0.0	0.0	0.0
西双版纳傣族自治州	0.013	0.019	0.050	0.0	0.0	0.0
大理白族自治州	0.029	0.017	0.034	0.0	0.0	0.0
德宏傣族景颇族自治州	0.016	0.004	0.063	0.0	0.0	0.0
怒江傈僳族自治州	0.015	0.007	0.030	0.0	0.0	0.0
迪庆藏族自治州	0.027	0.021	0.025	0.0	0.0	0.0
拉萨市	0.009	0.023	0.040	0.0	0.0	0.3
西安市	0.042	0.041	0.118	1.9	0.0	16.4
铜川市	0.044	0.041	0.105	1.4	0.0	10.1
宝鸡市	0.024	0.026	0.097	0.0	0.0	12.3
咸阳市	0.031	0.023	0.097	0.0	0.0	13.2

地区名称	SO_2 年均值	NO_2 年均值	PM_{10} 年均值	SO_2 日均值超标率	NO_2 日均值超标率	PM_{10} 日均值超标率
渭南市	0.037	0.040	0.098	0.8	0.0	14.0
延安市	0.066	0.041	0.118	2.7	0.0	22.7
汉中市	0.018	0.023	0.071	0.0	0.0	5.8
榆林市	0.037	0.045	0.094	1.1	0.0	7.7
安康市	0.039	0.022	0.032	0.9	0.0	0.0
商洛市	0.034	0.013	0.065	0.0	0.0	5.2
兰州市	0.048	0.042	0.138	0.5	0.0	33.2
嘉峪关市	0.038	0.019	0.104	0.0	0.0	17.3
金昌市	0.059	0.020	0.089	1.1	0.0	7.7
白银市	0.073	0.031	0.129	10.7	0.0	34.5
天水市	0.027	0.025	0.069	0.0	0.0	3.3
武威市	0.029	0.029	0.083	0.0	0.0	3.9
张掖市	0.032	0.014	0.079	0.3	0.0	5.2
平凉市	0.028	0.024	0.090	0.0	0.0	3.3
酒泉市	0.035	0.024	0.087	0.0	0.0	8.4
庆阳市	0.024	0.016	0.074	0.0	0.0	3.6
定西市	0.031	0.027	0.062	0.0	0.0	1.9
陇南市	0.019	0.017	0.090	0.0	0.0	8.1
临夏回族自治州	0.042	0.033	0.099	0.5	0.0	13.6
甘南藏族自治州	0.006	0.006	未测/0.141①	0.0	0.0	—
西宁市	0.043	0.026	0.105	0.0	0.0	13.4
银川市	0.038	0.030	0.095	0.0	0.0	8.8
石嘴山市	0.054	0.028	0.078	7.7	0.0	4.7
吴忠市	0.055	0.024	0.061	3.0	0.0	7.4
固原市	0.015	0.022	0.100	0.0	0.0	8.0
中卫市	0.048	0.022	0.097	2.2	0.0	11.5
乌鲁木齐市	0.079	0.068	0.132	18.6	3.8	20.5
克拉玛依市	0.016	0.024	0.068	0.0	0.0	3.0
吐鲁番地区	0.016	0.009	0.155	0.0	0.0	32.1
哈密地区	0.027	0.019	0.087	0.0	0.0	3.3
昌吉回族自治州	0.030	0.049	0.080	0.5	0.5	4.7
博尔塔拉蒙古自治州	0.014	0.011	0.049	0.0	0.0	0.0
巴音郭楞蒙古自治州	0.015	0.031	0.111	0.0	0.0	14.6
阿克苏地区	0.016	0.016	0.156	0.3	0.0	30.3
克孜勒苏柯尔克孜自治州	0.014	0.013	0.095	0.0	0.0	10.7
喀什地区	0.034	0.018	0.282	0.0	0.3	65.3
和田地区	0.021	0.039	0.352	0.0	0.8	52.7
伊犁哈萨克自治州	0.033	0.034	0.073	0.0	1.1	1.1
塔城地区	0.018	0.014	0.046	0.0	0.0	0.0
阿勒泰地区	0.018	0.004	0.039	0.0	0.0	0.6
石河子市	0.043	0.029	0.071	1.1	0.0	9.7
五家渠市	0.010	0.014	0.096	0.0	0.0	12.1

注：① 表示：PM_{10} 年均浓度/TSP 年均浓度。

附表 2　2011 年地级以上城市空气质量优良天数一览表

地区名称	优良天数	总天数	优良天数比例/%	优天数	良天数	地区名称	优良天数	总天数	优良天数比例/%	优天数	良天数
北京市	286	365	78.4	76	210	商丘市	330	365	90.4	58	272
天津市	320	365	87.7	58	262	信阳市	344	365	94.2	72	272
石家庄市	320	365	87.7	37	283	周口市	325	364	89.3	75	250
唐山市	331	365	90.7	70	261	驻马店市	332	365	91.0	75	257
秦皇岛市	354	365	97.0	128	226	武汉市	306	365	83.8	66	240
邯郸市	327	365	89.6	95	232	黄石市	307	365	84.1	5	302
邢台市	338	365	92.6	76	262	十堰市	360	365	98.6	146	214
保定市	331	365	90.7	99	232	宜昌市	347	365	95.1	62	285
张家口市	341	365	93.4	141	200	襄阳市	311	365	85.2	49	262
承德市	351	365	96.2	193	158	鄂州市	343	364	94.2	68	275
沧州市	345	365	94.5	132	213	荆门市	324	365	88.8	37	287
廊坊市	346	365	94.8	120	226	孝感市	350	365	95.9	22	328
衡水市	337	365	92.3	95	242	荆州市	339	365	92.9	77	262
太原市	308	365	84.4	90	218	黄冈市	330	349	94.6	146	184
大同市	347	365	95.1	123	224	咸宁市	322	365	88.2	61	261
阳泉市	336	365	92.1	74	262	随州市	350	365	95.9	24	326
长治市	357	365	97.8	65	292	恩施土家族苗族自治州	340	362	93.9	91	249
晋城市	354	365	97.0	111	243	长沙市	341	365	93.4	76	265
朔州市	348	365	95.3	163	185	株洲市	338	365	92.6	55	283
晋中市	359	365	98.4	136	223	湘潭市	339	365	92.9	77	262
运城市	356	365	97.5	61	295	衡阳市	362	365	99.2	88	274
忻州市	359	365	98.4	155	204	邵阳市	365	365	100.0	30	335
临汾市	339	365	92.9	108	231	岳阳市	329	365	90.1	33	296
吕梁市	356	365	97.5	97	259	常德市	324	365	88.8	62	262
呼和浩特市	347	365	95.1	122	225	张家界市	354	365	97.0	79	275
包头市	315	365	86.3	42	273	益阳市	361	365	98.9	31	330
乌海市	295	365	80.8	27	268	郴州市	365	365	100.0	69	296
赤峰市	317	365	86.8	14	303	永州市	354	365	97.0	79	275
通辽市	334	365	91.5	180	154	怀化市	361	365	98.9	67	294
鄂尔多斯市	344	356	96.6	159	185	娄底市	358	365	98.1	54	304
呼伦贝尔市	355	365	97.3	147	208	湘西土家族苗族自治州	353	365	96.7	54	299
巴彦淖尔市	343	365	94.0	103	240	广州市	360	365	98.6	124	236
乌兰察布市	351	365	96.2	80	271	韶关市	361	365	98.9	121	240
兴安盟	362	365	99.2	260	102	深圳市	362	365	99.2	161	201

地区名称	优良天数	总天数	优良天数比例/%	优天数	良天数	地区名称	优良天数	总天数	优良天数比例/%	优天数	良天数
锡林郭勒盟	339	356	95.2	129	210	珠海市	365	365	100.0	201	164
阿拉善盟	354	365	97.0	256	98	汕头市	365	365	100.0	155	210
沈阳市	332	365	91.0	36	296	佛山市	357	365	97.8	129	228
大连市	354	365	97.0	93	261	江门市	363	365	99.5	147	216
鞍山市	324	365	88.8	22	302	湛江市	365	365	100.0	319	46
抚顺市	331	365	90.7	44	287	茂名市	365	365	100.0	177	188
本溪市	349	365	95.6	71	278	肇庆市	365	365	100.0	155	210
丹东市	348	362	96.1	113	235	惠州市	365	365	100.0	140	225
锦州市	351	365	96.2	86	265	梅州市	365	365	100.0	324	41
营口市	355	362	98.1	118	237	汕尾市	365	365	100.0	192	173
阜新市	344	362	95.0	55	289	河源市	365	365	100.0	365	0
辽阳市	350	362	96.7	77	273	阳江市	365	365	100.0	282	83
盘锦市	353	362	97.5	94	259	清远市	364	365	99.7	199	165
铁岭市	346	362	95.6	40	306	东莞市	358	365	98.1	120	238
朝阳市	352	362	97.2	49	303	中山市	365	365	100.0	188	177
葫芦岛市	354	362	97.8	66	288	潮州市	365	365	100.0	157	208
长春市	345	365	94.5	44	301	揭阳市	365	365	100.0	245	120
吉林市	347	365	95.1	70	277	云浮市	365	365	100.0	178	187
四平市	353	365	96.7	101	252	南宁市	351	365	96.2	141	210
辽源市	88	88	100.0	7	81	柳州市	352	365	96.4	73	279
通化市	334	353	94.6	151	183	桂林市	353	365	96.7	108	245
白山市	350	361	97.0	119	231	梧州市	365	365	100.0	250	115
松原市	360	365	98.6	189	171	北海市	363	365	99.5	165	198
白城市	355	365	97.3	134	221	防城港市	364	365	99.7	148	216
延边朝鲜族自治州	310	337	92.0	22	288	钦州市	364	364	100.0	114	250
哈尔滨市	317	365	86.8	30	287	贵港市	362	365	99.2	171	191
齐齐哈尔市	345	365	94.5	83	262	玉林市	363	365	99.5	171	192
鸡西市	349	365	95.6	175	174	百色市	364	365	99.7	110	254
鹤岗市	291	323	90.1	3	288	贺州市	359	361	99.4	270	89
双鸭山市	341	365	93.4	92	249	河池市	363	365	99.5	129	234
大庆市	349	365	95.6	119	230	来宾市	359	365	98.4	93	266
伊春市	362	365	99.2	256	106	崇左市	363	363	100.0	151	212
佳木斯市	355	365	97.3	191	164	海口市	365	365	100.0	264	101
七台河市	313	365	85.8	2	311	三亚市	365	365	100.0	359	6
牡丹江市	344	365	94.2	158	186	重庆市	324	365	88.8	72	252
黑河市	362	365	99.2	240	122	成都市	322	365	88.2	53	269
绥化市	323	365	88.5	231	92	自贡市	347	365	95.1	49	298

地区名称	优良天数	总天数	优良天数比例/%	优天数	良天数	地区名称	优良天数	总天数	优良天数比例/%	优天数	良天数
大兴安岭地区	358	359	99.7	250	108	攀枝花市	333	365	91.2	14	319
上海市	337	365	92.3	134	203	泸州市	342	365	93.7	71	271
南京市	317	365	86.8	62	255	德阳市	356	365	97.5	140	216
无锡市	344	365	94.2	43	301	绵阳市	365	365	100.0	119	246
徐州市	335	365	91.8	66	269	广元市	365	365	100.0	242	123
常州市	334	365	91.5	20	314	遂宁市	361	365	98.9	88	273
苏州市	335	365	91.8	71	264	内江市	364	365	99.7	146	218
南通市	339	365	92.9	125	214	乐山市	360	365	98.6	110	250
连云港市	332	365	91.0	105	227	南充市	365	365	100.0	82	283
淮安市	341	365	93.4	45	296	眉山市	342	365	93.7	110	232
盐城市	289	365	79.2	29	260	宜宾市	356	365	97.5	80	276
扬州市	324	365	88.8	88	236	广安市	356	365	97.5	96	260
镇江市	339	365	92.9	73	266	达州市	362	365	99.2	166	196
泰州市	332	365	91.0	32	300	雅安市	365	365	100.0	266	99
宿迁市	332	364	91.2	34	298	巴中市	364	365	99.7	192	172
杭州市	333	365	91.2	64	269	资阳市	361	365	98.9	82	279
宁波市	323	365	88.5	76	247	阿坝藏族羌族自治州	365	365	100.0	357	8
温州市	336	365	92.1	57	279	甘孜藏族自治州	365	365	100.0	340	25
嘉兴市	331	365	90.7	81	250	凉山彝族自治州	365	365	100.0	197	168
湖州市	316	365	86.6	28	288	贵阳市	349	365	95.6	79	270
绍兴市	323	365	88.5	49	274	六盘水市	329	329	100.0	152	177
金华市	336	355	94.6	97	239	遵义市	351	365	96.2	22	329
衢州市	345	364	94.8	57	288	安顺市	350	354	98.9	94	256
舟山市	348	353	98.6	170	178	毕节市	120	138	87.0	22	98
台州市	356	365	97.5	80	276	铜仁市	333	354	94.1	53	280
丽水市	358	365	98.1	48	310	黔西南布依族苗族自治州	269	337	79.8	50	219
合肥市	303	365	83.0	49	254	黔东南苗族侗族自治州	309	317	97.5	53	256
芜湖市	356	365	97.5	33	323	黔南布依族苗族自治州	300	306	98.0	71	229
蚌埠市	351	365	96.2	32	319	昆明市	365	365	100.0	117	248
淮南市	332	362	91.7	24	308	曲靖市	363	365	99.5	96	267
马鞍山市	336	365	92.1	27	309	玉溪市	365	365	100.0	119	246
淮北市	349	365	95.6	0	349	保山市	360	360	100.0	172	188

地区名称	优良天数	总天数	优良天数比例/%	优天数	良天数	地区名称	优良天数	总天数	优良天数比例/%	优天数	良天数
铜陵市	362	365	99.2	21	341	昭通市	344	359	95.8	58	286
安庆市	351	365	96.2	32	319	丽江市	348	348	100.0	261	87
黄山市	365	365	100.0	203	162	普洱市	362	362	100.0	309	53
滁州市	360	365	98.6	58	302	临沧市	350	350	100.0	176	174
阜阳市	351	365	96.2	114	237	楚雄彝族自治州	365	365	100.0	286	79
宿州市	355	365	97.3	27	328	红河哈尼族彝族自治州	351	361	97.2	185	166
六安市	363	365	99.5	80	283	文山壮族苗族自治州	354	354	100.0	220	134
亳州市	357	365	97.8	16	341	西双版纳傣族自治州	365	365	100.0	245	120
池州市	365	365	100.0	192	173	大理白族自治州	363	363	100.0	313	50
宣城市	361	365	98.9	55	306	德宏傣族景颇族自治州	358	358	100.0	134	224
福州市	360	365	98.6	114	246	怒江傈僳族自治州	343	343	100.0	324	19
厦门市	363	365	99.5	124	239	迪庆藏族自治州	359	359	100.0	354	5
莆田市	364	365	99.7	172	192	拉萨市	364	365	99.7	295	69
三明市	343	365	94.0	48	295	西安市	305	365	83.6	35	270
泉州市	360	365	98.6	121	239	铜川市	325	365	89.0	19	306
漳州市	358	364	98.4	61	297	宝鸡市	320	365	87.7	25	295
南平市	364	365	99.7	136	228	咸阳市	317	365	86.8	64	253
龙岩市	352	365	96.4	32	320	渭南市	314	365	86.0	58	256
宁德市	360	364	98.9	87	273	延安市	278	365	76.2	14	264
南昌市	347	365	95.1	49	298	汉中市	344	365	94.2	143	201
景德镇市	361	361	100.0	2	359	榆林市	333	365	91.2	50	283
萍乡市	360	365	98.6	61	299	安康市	332	335	99.1	205	127
九江市	363	365	99.5	82	281	商洛市	346	365	94.8	153	193
新余市	360	363	99.2	30	330	兰州市	244	365	66.8	21	223
鹰潭市	360	360	100.0	47	313	嘉峪关市	302	365	82.7	65	237
赣州市	365	365	100.0	60	305	金昌市	333	365	91.2	34	299
吉安市	359	364	98.6	128	231	白银市	223	365	61.1	43	180
宜春市	365	365	100.0	83	282	天水市	351	363	96.7	137	214
抚州市	364	365	99.7	135	229	武威市	349	363	96.1	59	290
上饶市	364	365	99.7	139	225	张掖市	342	362	94.5	65	277

地区名称	优良天数	总天数	优良天数比例/%	优天数	良天数
济南市	320	365	87.7	16	304
青岛市	334	365	91.5	88	246
淄博市	322	365	88.2	6	316
枣庄市	313	365	85.8	11	302
东营市	349	365	95.6	56	293
烟台市	352	365	96.4	156	196
潍坊市	348	365	95.3	46	302
济宁市	328	365	89.9	14	314
泰安市	332	365	91.0	32	300
威海市	358	365	98.1	175	183
日照市	326	365	89.3	75	251
莱芜市	337	365	92.3	0	337
临沂市	340	365	93.2	38	302
德州市	329	365	90.1	57	272
聊城市	342	365	93.7	13	329
滨州市	349	365	95.6	71	278
菏泽市	346	365	94.8	13	333
郑州市	318	365	87.1	32	286
开封市	323	365	88.5	50	273
洛阳市	314	365	86.0	23	291
平顶山市	324	365	88.8	74	250
安阳市	317	365	86.8	29	288
鹤壁市	329	365	90.1	41	288
新乡市	323	365	88.5	94	229
焦作市	314	365	86.0	46	268
濮阳市	320	364	87.9	44	276
许昌市	318	365	87.1	54	264
漯河市	331	365	90.7	78	253
三门峡市	323	365	88.5	30	293
南阳市	316	365	86.6	55	261

地区名称	优良天数	总天数	优良天数比例/%	优天数	良天数
平凉市	353	365	96.7	8	345
酒泉市	330	360	91.7	49	281
庆阳市	350	363	96.4	170	180
定西市	358	365	98.1	145	213
陇南市	317	345	91.9	53	264
临夏回族自治州	315	364	86.5	39	276
甘南藏族自治州	151	151	100.0	151	0
西宁市	316	365	86.6	26	290
银川市	333	365	91.2	32	301
石嘴山市	322	365	88.2	88	234
吴忠市	325	363	89.5	141	184
固原市	336	365	92.1	41	295
中卫市	315	365	86.3	96	219
乌鲁木齐市	276	365	75.6	18	258
克拉玛依市	354	365	97.0	111	243
吐鲁番地区	245	361	67.9	24	221
哈密地区	350	362	96.7	19	331
昌吉回族自治州	348	365	95.3	82	266
博尔塔拉蒙古自治州	360	360	100.0	257	103
巴音郭楞蒙古自治州	310	363	85.4	36	274
阿克苏地区	253	363	69.7	3	250
克孜勒苏柯尔克孜自治州	203	227	89.4	70	133
喀什地区	124	357	34.7	2	122
和田地区	64	133	48.1	3	61
伊犁哈萨克自治州	346	354	97.7	62	284
塔城地区	362	362	100.0	253	109
阿勒泰地区	354	356	99.4	324	30
石河子市	326	361	90.3	150	176
五家渠市	308	350	88.0	77	231

附表 3　2011 年地级以上城市污染频度一览表

天数 地区名称	轻微污染	轻度污染	中度污染	中度重污染	重污染
北京市	60	14	2	1	2
天津市	39	5	0	1	0
石家庄市	39	6	0	0	0
唐山市	32	1	1	0	0
秦皇岛市	11	0	0	0	0
邯郸市	23	12	0	2	1
邢台市	25	2	0	0	0
保定市	30	4	0	0	0
张家口市	19	2	1	0	2
承德市	13	1	0	0	0
沧州市	20	0	0	0	0
廊坊市	19	0	0	0	0
衡水市	21	7	0	0	0
太原市	49	7	0	0	1
大同市	17	0	0	0	1
阳泉市	29	0	0	0	0
长治市	8	0	0	0	0
晋城市	11	0	0	0	0
朔州市	15	1	0	0	1
晋中市	4	2	0	0	0
运城市	9	0	0	0	0
忻州市	6	0	0	0	0
临汾市	20	5	0	1	0
吕梁市	8	0	1	0	0
呼和浩特市	12	5	0	0	1
包头市	41	8	0	0	1
乌海市	63	5	0	2	0
赤峰市	35	5	2	2	4
通辽市	28	1	0	0	2
鄂尔多斯市	9	2	0	0	1
呼伦贝尔市	10	0	0	0	0
巴彦淖尔市	18	3	0	0	1
乌兰察布市	11	1	0	1	1
兴安盟	2	0	0	0	1
锡林郭勒盟	8	5	0	0	4
阿拉善盟	8	2	0	1	0
沈阳市	29	3	0	0	1
大连市	10	1	0	0	0
商丘市	30	5	0	0	0
信阳市	19	2	0	0	0
周口市	32	6	0	0	1
驻马店市	30	3	0	0	0
武汉市	57	2	0	0	0
黄石市	57	1	0	0	0
十堰市	5	0	0	0	0
宜昌市	18	0	0	0	0
襄阳市	52	2	0	0	0
鄂州市	21	0	0	0	0
荆门市	39	2	0	0	0
孝感市	15	0	0	0	0
荆州市	26	0	0	0	0
黄冈市	17	2	0	0	0
咸宁市	38	5	0	0	0
随州市	15	0	0	0	0
恩施土家族苗族自治州	18	4	0	0	0
长沙市	22	2	0	0	0
株洲市	25	2	0	0	0
湘潭市	22	4	0	0	0
衡阳市	3	0	0	0	0
邵阳市	0	0	0	0	0
岳阳市	34	2	0	0	0
常德市	40	1	0	0	0
张家界市	11	0	0	0	0
益阳市	4	0	0	0	0
郴州市	0	0	0	0	0
永州市	10	1	0	0	0
怀化市	4	0	0	0	0
娄底市	7	0	0	0	0
湘西土家族苗族自治州	11	1	0	0	0
广州市	5	0	0	0	0
韶关市	4	0	0	0	0
深圳市	3	0	0	0	0
珠海市	0	0	0	0	0
汕头市	0	0	0	0	0
佛山市	8	0	0	0	0
江门市	2	0	0	0	0

地区名称＼天数	轻微污染	轻度污染	中度污染	中度重污染	重污染	地区名称＼天数	轻微污染	轻度污染	中度污染	中度重污染	重污染
鞍山市	34	6	0	0	1	湛江市	0	0	0	0	0
抚顺市	26	7	0	0	1	茂名市	0	0	0	0	0
本溪市	16	0	0	0	0	肇庆市	0	0	0	0	0
丹东市	14	0	0	0	0	惠州市	0	0	0	0	0
锦州市	12	1	0	1	0	梅州市	0	0	0	0	0
营口市	5	0	0	1	1	汕尾市	0	0	0	0	0
阜新市	17	0	0	0	1	河源市	0	0	0	0	0
辽阳市	9	2	0	0	1	阳江市	0	0	0	0	0
盘锦市	8	0	1	0	0	清远市	1	0	0	0	0
铁岭市	13	2	0	0	1	东莞市	7	0	0	0	0
朝阳市	9	1	0	0	0	中山市	0	0	0	0	0
葫芦岛市	7	0	0	1	0	潮州市	0	0	0	0	0
长春市	16	2	0	0	2	揭阳市	0	0	0	0	0
吉林市	15	2	1	0	0	云浮市	0	0	0	0	0
四平市	11	0	0	0	1	南宁市	13	1	0	0	0
辽源市	0	0	0	0	0	柳州市	13	0	0	0	0
通化市	18	0	0	1	0	桂林市	10	2	0	0	0
白山市	11	0	0	0	0	梧州市	0	0	0	0	0
松原市	3	1	0	0	1	北海市	2	0	0	0	0
白城市	9	0	0	0	1	防城港市	1	0	0	0	0
延边朝鲜族自治州	27	0	0	0	0	钦州市	0	0	0	0	0
哈尔滨市	46	0	0	1	1	贵港市	3	0	0	0	0
齐齐哈尔市	19	1	0	0	0	玉林市	2	0	0	0	0
鸡西市	15	1	0	0	0	百色市	1	0	0	0	0
鹤岗市	32	0	0	0	0	贺州市	2	0	0	0	0
双鸭山市	22	2	0	0	0	河池市	2	0	0	0	0
大庆市	12	4	0	0	0	来宾市	6	0	0	0	0
伊春市	3	0	0	0	0	崇左市	0	0	0	0	0
佳木斯市	7	3	0	0	0	海口市	0	0	0	0	0
七台河市	52	0	0	0	0	三亚市	0	0	0	0	0
牡丹江市	19	2	0	0	0	重庆市	34	7	0	0	0
黑河市	3	0	0	0	0	成都市	39	3	0	1	0
绥化市	40	2	0	0	0	自贡市	18	0	0	0	0
大兴安岭地区	1	0	0	0	0	攀枝花市	32	0	0	0	0
上海市	23	2	0	1	2	泸州市	19	4	0	0	0
南京市	41	5	0	1	1	德阳市	9	0	0	0	0
无锡市	19	1	0	1	0	绵阳市	0	0	0	0	0
徐州市	23	5	0	1	1	广元市	0	0	0	0	0
常州市	28	3	0	0	0	遂宁市	4	0	0	0	0
苏州市	25	2	1	0	2	内江市	1	0	0	0	0
南通市	23	1	0	0	2	乐山市	5	0	0	0	0
连云港市	28	4	1	0	0	南充市	0	0	0	0	0

天数 地区名称	轻微污染	轻度污染	中度污染	中度重污染	重污染	天数 地区名称	轻微污染	轻度污染	中度污染	中度重污染	重污染
淮安市	24	0	0	0	0	眉山市	19	4	0	0	0
盐城市	58	12	2	2	2	宜宾市	9	0	0	0	0
扬州市	34	5	0	1	1	广安市	8	1	0	0	0
镇江市	22	1	2	1	0	达州市	3	0	0	0	0
泰州市	20	9	2	1	1	雅安市	0	0	0	0	0
宿迁市	28	2	0	1	1	巴中市	1	0	0	0	0
杭州市	28	3	0	1	0	资阳市	4	0	0	0	0
宁波市	34	7	0	0	1	阿坝藏族羌族自治州	0	0	0	0	0
温州市	27	2	0	0	0	甘孜藏族自治州	0	0	0	0	0
嘉兴市	28	4	1	1	0	凉山彝族自治州	0	0	0	0	0
湖州市	44	5	0	0	0	贵阳市	15	1	0	0	0
绍兴市	37	5	0	0	0	六盘水市	0	0	0	0	0
金华市	15	4	0	0	0	遵义市	14	0	0	0	0
衢州市	18	1	0	0	0	安顺市	4	0	0	0	0
舟山市	3	2	0	0	0	毕节市	14	4	0	0	0
台州市	9	0	0	0	0	铜仁市	20	1	0	0	0
丽水市	7	0	0	0	0	黔西南布依族苗族自治州	67	1	0	0	0
合肥市	50	10	0	1	1	黔东南苗族侗族自治州	8	0	0	0	0
芜湖市	8	1	0	0	0	黔南布依族苗族自治州	6	0	0	0	0
蚌埠市	12	1	0	1	0	昆明市	0	0	0	0	0
淮南市	26	3	1	0	0	曲靖市	2	0	0	0	0
马鞍山市	28	1	0	0	0	玉溪市	0	0	0	0	0
淮北市	13	3	0	0	0	保山市	0	0	0	0	0
铜陵市	3	0	0	0	0	昭通市	15	0	0	0	0
安庆市	14	0	0	0	0	丽江市	0	0	0	0	0
黄山市	0	0	0	0	0	普洱市	0	0	0	0	0
滁州市	5	0	0	0	0	临沧市	0	0	0	0	0
阜阳市	13	1	0	0	0	楚雄彝族自治州	0	0	0	0	0
宿州市	9	1	0	0	0	红河哈尼族彝族自治州	10	0	0	0	0
六安市	2	0	0	0	0	文山壮族苗族自治州	0	0	0	0	0
亳州市	7	1	0	0	0	西双版纳傣族自治州	0	0	0	0	0
池州市	0	0	0	0	0	大理白族自治州	0	0	0	0	0
宣城市	4	0	0	0	0	德宏傣族景颇族自治州	0	0	0	0	0
福州市	5	0	0	0	0	怒江傈僳族自治州	0	0	0	0	0

地区名称 \ 天数	轻微污染	轻度污染	中度污染	中度重污染	重污染
厦门市	2	0	0	0	0
莆田市	1	0	0	0	0
三明市	22	0	0	0	0
泉州市	5	0	0	0	0
漳州市	6	0	0	0	0
南平市	1	0	0	0	0
龙岩市	13	0	0	0	0
宁德市	4	0	0	0	0
南昌市	17	0	0	0	1
景德镇市	0	0	0	0	0
萍乡市	4	1	0	0	0
九江市	2	0	0	0	0
新余市	3	0	0	0	0
鹰潭市	0	0	0	0	0
赣州市	0	0	0	0	0
吉安市	5	0	0	0	0
宜春市	0	0	0	0	0
抚州市	1	0	0	0	0
上饶市	1	0	0	0	0
济南市	40	3	2	0	0
青岛市	18	12	0	0	1
淄博市	43	0	0	0	0
枣庄市	52	0	0	0	0
东营市	15	1	0	0	0
烟台市	9	4	0	0	0
潍坊市	12	3	2	0	0
济宁市	37	0	0	0	0
泰安市	26	6	1	0	0
威海市	5	2	0	0	0
日照市	35	4	0	0	0
莱芜市	28	0	0	0	0
临沂市	25	0	0	0	0
德州市	34	1	1	0	0
聊城市	23	0	0	0	0
滨州市	16	0	0	0	0
菏泽市	19	0	0	0	0
郑州市	43	4	0	0	0
开封市	36	3	3	0	0
洛阳市	48	3	0	0	0
平顶山市	29	9	1	1	1

地区名称 \ 天数	轻微污染	轻度污染	中度污染	中度重污染	重污染
迪庆藏族自治州	0	0	0	0	0
拉萨市	1	0	0	0	0
西安市	46	14	0	0	0
铜川市	36	3	1	0	0
宝鸡市	45	0	0	0	0
咸阳市	38	10	0	0	0
渭南市	41	9	1	0	0
延安市	79	7	0	0	1
汉中市	21	0	0	0	0
榆林市	27	3	0	1	1
安康市	3	0	0	0	0
商洛市	19	0	0	0	0
兰州市	90	23	2	2	4
嘉峪关市	36	18	3	3	3
金昌市	27	4	0	0	1
白银市	115	22	2	0	3
天水市	11	0	0	1	0
武威市	11	1	1	0	1
张掖市	17	2	1	0	0
平凉市	11	1	0	0	0
酒泉市	23	3	2	0	2
庆阳市	8	1	0	0	4
定西市	6	0	0	1	0
陇南市	26	0	2	0	0
临夏回族自治州	45	3	0	0	1
甘南藏族自治州	0	0	0	0	0
西宁市	43	3	1	0	2
银川市	27	4	1	0	0
石嘴山市	42	1	0	0	0
吴忠市	38	0	0	0	0
固原市	19	3	2	3	2
中卫市	31	8	2	0	9
乌鲁木齐市	51	24	6	3	5
克拉玛依市	10	1	0	0	0
吐鲁番地区	82	17	1	3	13
哈密地区	10	1	1	0	0
昌吉回族自治州	16	1	0	0	0
博尔塔拉蒙古自治州	0	0	0	0	0
巴音郭楞蒙古自治州	26	18	2	3	4
阿克苏地区	79	15	3	5	8

天数 地区名称	轻微污染	轻度污染	中度污染	中度重污染	重污染	天数 地区名称	轻微污染	轻度污染	中度污染	中度重污染	重污染
安阳市	43	5	0	0	0	克孜勒苏柯尔克孜自治州	18	1	0	0	5
鹤壁市	35	1	0	0	0	喀什地区	124	50	12	7	40
新乡市	36	5	1	0	0	和田地区	32	7	5	2	23
焦作市	39	10	1	0	1	伊犁哈萨克自治州	8	0	0	0	0
濮阳市	41	3	0	0	0	塔城地区	0	0	0	0	0
许昌市	39	7	1	0	0	阿勒泰地区	0	1	0	0	1
漯河市	29	4	0	1	0	石河子市	33	2	0	0	0
三门峡市	33	7	2	0	0	五家渠市	39	3	0	0	0
南阳市	39	10	0	0	0						